初学编织

韩国编织大师的32件时尚单品

〔韩〕崔贤贞　著

郑丹丹　译

河南科学技术出版社

· 郑州 ·

前言

从小我就喜欢蜷缩在房间一角，自己摸索着制作各种小物件。每当想起自己制作的小物件，抑或想象将自己亲手制作的东西作为礼物送人时对方的惊喜表情，总是油然生出一种幸福的感觉。

可能正因为如此，我成了一名手工编织设计师。很自然地开始教授越来越多的人学习编织，相对于独自享受编织的乐趣，虽然会更辛苦，但和其他人一边聊天一边分享编织的乐趣，也收获了很多喜悦。

我常常希望，手工编织能够让大家在繁忙的工作生活之余享受一点儿休闲时光。但初学编织的朋友们却普遍认为，编织远远比想象的更有难度。因此这本书将焦点对准了编织初学者。

书中对围巾、手套、帽子等简单的服饰搭配物品的制作方法进行了详细说明，并同时搭配了编织图解。只要您掌握了技巧，即使使用简单的编织针法，也能够创造出别致的作品。希望这本书能够为初学编织的朋友带来帮助。

在此我要感谢在本书的编著过程中给予我帮助的众多亲朋好友。要向一直给我鼓励的家人和包容我、给我加油的zzaim工坊的员工表示感谢。要向给我提供各种帮助并协助我完成各项工作的助手高珠妍、姜静媛、元静、孟芝淑、李志英、崔贤玉、赵宝玲、崔贤儿表示诚挚的感谢！

崔贤贞

作者简介

崔贤贞，被誉为韩国具有代表性的手工编织设计师。她擅长以国内外流行趋势为基础，为大众呈现既朴素又时尚的设计风格。她目前在韩国乐天百货商场蚕室分店、江南分店、盆唐分店开设zzaim编织坊，教授趣味手工编织、主题手工编织、胎教DIY等课程。著作有《为了0～5岁孩子，爱的编织》《手工编织DIY时尚针织衫》《电影中的毛衣&针织衫》《令妈妈心动的星宝贝毛衣编织》等。

本书收录了围巾、披肩、围脖、帽子、手套、护臂套、护腿套等32件时尚单品，设计独特、新颖大方，且简单易学，适用于手工编织初学者。其实，只要熟练掌握基本编织技巧，即使是初学者也能够轻松挑战多样化的编织品。你可以登录网页www.zzaim.com，直接向作者咨询各类编织问题，此外还能买到书中作品的配套材料及心仪的编织作品。

目录

帽子

厚围巾&薄围巾&披肩

围脖

手套&护臂套&护腿套

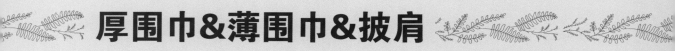

厚围巾&薄围巾&披肩

红色厚围巾 难易度★ ☆ ☆

无论是谁，都会渴望拥有一款红色围巾。仅需连续编织简单的花样即可完成，即使是初学者也能够轻松完成。由于色彩艳丽，如果添加过于复杂的花样，会显得土气，因此请慎重选择花样。

编织方法 ❀ p.76

时尚灰色厚围巾 难易度★☆☆

采用基本的单罗纹针编织而成。1针上针、1针下针，反复交替编织即可。选取含有亮线、长毛、拉绒的毛线，即使技法尚不熟练，外观也不会出现明显的歪歪扭扭，仍能够显得美观整齐。

编织方法 ❖ p.80

竹节纱厚围巾 难易度 ★☆☆

竹节纱线是一种粗细间隔出现的毛线，不仅易于编织，而且蓬松、柔软。利用这种毛线，一定能够织出一款独具个性的围巾。

编织方法 ❧ p.82

象牙色镂空披肩 难易度 ★☆☆

这款披肩在春季、秋季、冬季均适合佩戴。毛线本身含有闪光亮片，完成后的效果与市面成品相比毫不逊色。可搭配正装或风衣，一定会令人眼前一亮的。

编织方法 ❖ p.86

军绿色厚围巾 难易度 ★★☆

这款围巾既适合女性佩戴，也适合男性佩戴。虽含有两种花样，但编织针法简单。由于含有两种花样，不仅给编织者带来了无限乐趣，而且戴起来也有别样感受。

编织方法 ❖ p.90

巧克力褐色厚围巾

难易度 ★ ☆ ☆

无论男女均适合佩戴这款围巾。上针、下针搭配编织出凹凸的桂花针花样，外观紧实，即使是初学者，也能够轻松完成这款彰显干练气质的围巾。

编织方法 ❈ p.92

哈利波特厚围巾 难易度 ★ ☆ ☆

一行下针、一行上针，反复此过程，以上下针编织而成。选取灰色和海军蓝色毛线相搭配，演绎出休闲风情。男女均适合佩戴。

编织方法 ❖ p.95

粗麻花厚围巾 难易度 ★★☆

这款围巾上粗粗的麻花花样尤为亮眼，且令人感觉大气、干练。

编织方法 ❀ p.98

树叶花样披肩 难易度 ★★★

这款披肩给人的感觉非常细腻，显得十分高雅。
毛线蓬松、柔软，带给人温暖的气息。

编织方法 ❧ p.101

围脖

海军蓝围脖 难易度 ★ ☆ ☆

正、反两面均编织下针，围巾整体呈现出起伏针效果，侧面接缝成围脖即可。刚开始接触编织的初学者也能够轻松上手。折叠佩戴更能够营造出独特的氛围。

编织方法 ❖ p.103

浣熊毛领围脖 难易度 ★ ☆ ☆

这是一款初学者也能够轻松编织的围脖。在领子一侧边缘点缀了
浣熊毛领，不仅彰显高贵气质，还具有保暖功效，一举两得。

编织方法 ❖ p.106

麻花围脖 难易度 ★ ★ ☆

这款围脖采用麻花花样编织而成。戴起来既便利，又充满时尚感，非常适合搭配风衣或正装。

编织方法 ❖ p.110

长围脖 难易度 ★ ☆ ☆

这款围脖非常适合作为礼物送给男朋友或丈夫。如果是初学者，与其编织围巾，不如更多地尝试围脖的编织。因为比起围巾，围脖不仅更省工省时，而且戴起来更显帅气。

编织方法 ❖ p.114

黑色连帽围脖 难易度 ★★★

戴上这款围脖，就好像披上了一件迷你雨披。连着帽子，保暖效果更佳，最适合在下雪天佩戴了。

编织方法 ❖ p.116

帽子

红色毛绒球帽子 难易度 ★ ☆ ☆

戴上红色的帽子，仿佛马上就要迎来圣诞节一般，人的心情也会变得愉悦起来。采用元宝针编织而成，针法比想象中要简单，而且毛绒球的制作也能给你带来无限乐趣。

编织方法 ❀ p.118

紫色毛绒球帽子 难易度 ★ ☆ ☆

帽子上呈斜线状的镂空花样格外吸引眼球。虽然毛线较粗，但丝毫不给人沉重的感觉。初学者也能够轻松编织，完成后的效果极其美观，能够给你带来极大的成就感。

编织方法 ❖ p.122

糖果毛绒球帽子

难易度 ★ ☆ ☆

使用一行下针、一行上针交替的上下针
编织而成的一款帽子。将两种毛线进行
合理搭配，更加彰显可爱烂漫的气息。

编织方法 ❖ p.126

花式纱线毛绒球帽子 难易度 ★ ☆ ☆

这种弯弯曲曲且含有穗子的毛线被称作花式纱线。由于毛线的质地独特，因此很适合编织别出心裁的作品。

编织方法 ❦ p.130

多彩麻花帽子 难易度 ★★☆

这款帽子包含了麻花花样，显得格外可爱；色彩鲜明，给人带来无比轻快的感觉。

编织方法 ❀ p.132

竹节纱护耳帽子 难易度 ★★☆

初学者也能够完成的简单花样，由于毛线质地独特，因此外形显得极为别致。适合编织成情侣帽佩戴。将绳子系成蝴蝶结形状，更显得可爱宜人。

编织方法 ❖ p.134（女性用），p.139（男性用）

复古风情帽子 难易度 ★ ★ ☆

您是否联想到了阿尔卑斯山的少女，抑或灵魂自由的吉卜赛人呢？这款砖红色帽子洋溢着浓厚的深秋气息。如果集中精力编织，1~2天即可完成。

编织方法 ❖ p.142

貂皮球护耳帽子 难易度 ★ ★ ☆

只需一个貂皮球花边，即可令帽子完成高贵、
华丽的变身。虽然款式看起来比较复杂，其实
编织起来很容易。

编织方法 ❀ p.146

安哥拉兔毛贝雷帽 难易度 ★★☆

这是一款采用上下针编织而成的基本款贝雷帽。虽然编织过程简单，但成品与市面销售的别无二致。这不失为一款能够让你在朋友面前炫耀一番的编织品哦。

编织方法 ❖ p.149

无檐小便帽 难易度 ★ ☆ ☆

这是一款非常好搭衣服的男款帽子。采用基本的双罗纹针即可编织而成。渐变颜色的毛线令帽子更显独特。

编织方法 ❖ p.152

条纹护耳帽子 难易度 ★ ★ ☆

这款帽子刚好护住耳朵，款式简洁却又独具魅力。采用上下针编织即可，比较简单。把它送给你的男朋友或丈夫，会大大提升你的魅力值哦。

编织方法 ❖ p.155

驼色阿伦花样帽子 难易度 ★ ★ ★

菱形花样的交叠接续形成阿伦花样。戴上这款帽子是不是让人更显干练呢？如果花样较大，在编织时选择亮色系的毛线更好。

编织方法 ❀ p.158

灰色带檐帽子 难易度 ★ ★ ☆

这款帽子不仅适合男性佩戴，也同样适合女性佩戴。带有帽檐，既能够衬得脸颊瘦小，还能够遮挡阳光。随意佩戴，都会显得洒脱帅气。

编织方法 ❖ p.160

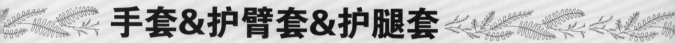

手套&护臂套&护腿套

麻花连指手套　难易度 ★ ★ ☆

寒冷冬日的浪漫，就是连指手套！手背上的麻花花样尽显可爱与天真烂漫。如果集中精力编织，3~4天即可完成。

编织方法 ❖ p.162

糖果连指手套 难易度 ★ ☆ ☆

这是一款缤纷绚丽、魅力无限的连指手套。采用上下针编织而成。这类粗线手套一定要用毛线绳将两只手套连接起来，这样造型才更完美。

编织方法 ❖ p.167

貂皮球护臂套 难易度 ★ ☆ ☆

只需要单罗纹针即可编织出这款护臂套。由
于没有手指部分，因此编织起来很简单。戴
上它，开车或提东西时，都十分方便。可爱
的貂皮球是亮点哦。

编织方法 ❖ p.170

炭色护腿套 难易度 ★★☆

凛冽寒冬的完美之选。这款护腿套保温性能好，非常
适合搭配短裤或打底裤。如果搭配紧身裤，更能彰显
身体的曲线美。

编织方法 ❖ p.172

编织方法

编织基本工具

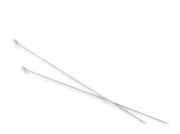

❖ 棒针

要注意选择不弯曲、表面光滑、比毛线稍微粗一些的棒针。日本用号码区分棒针的粗细，韩国则用毫米（mm）来标识。日本的10号棒针直径是5.1mm，相当于韩国5mm的棒针。编织身片等平面织物时，一般选择一端有小球堵起来的棒针；编织帽子等圆筒状织物时，选择两端都是尖头的棒针更方便。

❖ 环形针（80cm长）

用塑料线将两根棒针连接而成，能有效避免脱针，初学者使用起来较为方便。与木制棒针相比，铝制棒针表面更加光滑，使用起来也更加方便。

❖ 短环形针（40cm长）

属于较短的环形针，在编织领口、袖窿等较窄的部分或编织圆形帽子时使用非常方便。

❖ 手套棒针

4根棒针为一组，在编织手套或帽子等圆筒状织物时使用。

❖ 麻花针

中间部分像弓一样弯曲是麻花针的特征，这样线圈不容易脱落。在编织像麻花一样需要交叉编织的花样时，使用麻花针可防止脱针。

❖ 钩针

同棒针一样，根据毛线的粗细选择钩针的号数。一般有毛线钩针和花边钩针两种。毛线钩针的号数越大，钩针越粗；花边钩针的号数越大，钩针越细。在上袖子、编织花边和花样时是必要的工具。

❖ 珠针

将袖子连到身片上或者缝身片侧边时，对齐后先用珠针固定再连接，能够防止织片乱跑，缝制时更加便利。

❖ 金尾针

需要缝合织片时、织物收边时或缝制图案、装饰品时所需要的工具。（编者注：金尾针是十字绣的专用针，使用一般的针孔比较大的缝衣针代替金尾针也没有问题。）

❖ 绕线器

缠出线团的专用工具。利用绕线器能够将剩余的毛线缠成线团，防止浪费且便于利用。

❖ 记数环

标记行数和针数的工具。使用记数环可以避免编织时反复数行数和针数的烦琐。

❖ 卷尺

用于测量织物的尺寸，是必备的基本工具。

❖ 标尺

测量10cm×10cm织片的行数和针数时所需的工具。标尺中间有小孔，将棒针插入对应小孔中，即可准确将日本棒针的号数与毫米单位进行换算。

❖ 何为测量尺寸？

正式编织之前的步骤，也是非常重要的一环，对于成功完成编织作品非常必要。首先依照要编织的花样，使用将要用的毛线和棒针编织一个边长15cm的样品。在这个样品（洗涤前的尺寸）中间测量出边长为10cm的一块，数出其中的针数和行数后将其洗涤。在充分晾干之后，再次进行测量，即重新数出边长10cm范围内包含的针数和行数。这个过程叫作测量尺寸。之所以要进行两次测量，是因为要对比洗涤前后毛线的变化以及编织者的手劲松紧，以减少误差。测量尺寸本应在边长1cm的范围内数出针数和行数，但这样会引起较大误差，所以选择在边长10cm的范围内进行，再将测量结果换算成1cm的即可。测量尺寸时，一般测量2~3处，再取平均值。

02 初学者图形分析

❖ 示例：竹节纱护耳帽子（女性用）编织方法

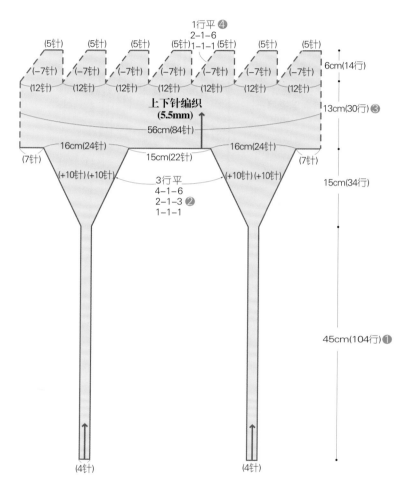

❶用5.5mm手套棒针起4针，织104行上下针。

❷加针

3 行 平
4 - 1 - 6
2 - 1 - 3
1 - 1 - 1
(行数)(针数)(次数)

❖ 1-1-1：在第1行织下针时，两端各加1针，只加1次。

❖ 2-1-3：织1行上针后，再织第2行下针时，两端各加1针，反复3次，即共完成6行的编织。

❖ 4-1-6：完成1行上针、1行下针、1行上针共3行的编织后，从第4行织下针时，两端各加1针，反复6次，即共完成24行的编织。

❖ 3行平：不加针不减针织3行上下针。

❸这样编织2片护耳后，将织好的1片护耳穿入短环形针后织下针，再扭针加针（下针编织）22针。接着将另一片护耳也穿入短环形针后织下针，再扭针加针（下针编织）14针，所有的针目都转到短环形针上，圈织30行上下针（圈织上下针时始终采用下针编织即可）。

❹减针

| 1 行 平 |
| 2 - 1 - 6 |
| 1 - 1 - 1 |
| (行数)(针数)(次数) |

❖ 1-1-1：织第1行时，减1针减1次的意思是，1针、2针、3针……一直进行下针编织，第11针和第12针并针进行下针编织，这样就减少了1针。再次开始编织1针、2针、3针……第11针和第12针并针进行下针编织，减少1针。反复此过程7次，即完成了1行的编织（共减少了7针）。

❖ 2-1-6：每2行减1针，反复6次的意思是，共通过12行进行减针，织1行下针，从第2行（从下数第3行）开始编织时，1针、2针、3针……一直进行下针编织，第10针和第11针并针进行下针编织，减少1针。反复此过程7次，减少7针（2-1-1）。

随后减针第9针和第10针并针编织（2-1-2）

随后减针第8针和第9针并针编织（2-1-3）

随后减针第7针和第8针并针编织（2-1-4）

随后减针第6针和第7针并针编织（2-1-5）

随后减针第5针和第6针并针编织（2-1-6）

❖ 1行平：不加针不减针织1行下针，共剩余35针。

03 棒针编织的
基本技巧与效果图

上下针编织

即平针编织，是最基本的编织方法。片织时，正面行编织下针，反面行编织上针；圈织时则全部编织下针。

 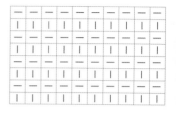

起伏针编织

片织时，正面行编织下针，反面行也只编织下针；圈织时，则一圈下针、一圈上针交替编织。

 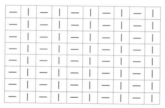

单罗纹针编织

主要用于针织衫边缘部分的编织，1针下针、1针上针交替编织。

 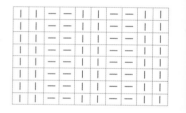

双罗纹针编织

2针下针、2针上针交替编织。

1针2行桂花针编织

第1行和第2行编织单罗纹针，第3行将下针织成上针，上针织成下针，第4行同第3行编织单罗纹针。也就是每2行进行交替编织。

❖ 起基本针的方法

1. 将毛线对折，左手拇指和食指穿入线圈中。

2. 如图翻转左手。

3. 右手持针，先穿入左手拇指处的线圈中。

4. 再穿入食指处的线圈中。

5. 将线圈从拇指处的线圈中拉出。

6. 松开左手手指上挂住的线，将线圈完全拉出。

7. 左手拇指和食指撑开两条线并拉紧，便在右侧棒针上挂好了1针（完成1针的效果）。

8. 重复步骤2~6。

9. 根据需要起相应的针数即可。

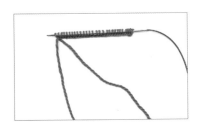

10. 完成起针后的效果。

❖ 利用辅助线起罗纹针的方法

单罗纹针

Ⅱ-Ⅰ-Ⅰ-Ⅰ-Ⅱ **两端均为2针下针** 辅助线针数=（所需针数+3）÷2，所需针数为单数

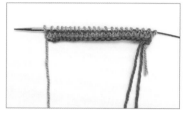

1. 利用辅助线（红色线）起基本针，用本线（灰色线）织3行上下针。

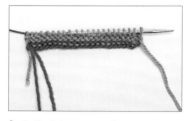

2. 翻转后确认反面图样。

3. 拉拽最末端的辅助线。

4. 找出隐藏其中的1针线圈（灰色线圈）。

5. 将左侧棒针上的第1针线圈直接移至右侧棒针上。

6. 将右侧棒针穿入步骤4中找到的1针线圈内。

7. 将右侧棒针上的2针线圈一同移至左侧棒针上。

8. 这2针并针织上针。

9. 将左侧棒针上的下一针线圈直接移至右侧棒针上。

10. 将右侧棒针穿入下方辅助线之间的灰色线圈中并拉出。

11. 步骤9、10中的2针线圈并针织上针。

12. 挑起下方辅助线之间的灰色线圈。

13. 将线圈搭至左侧棒针上，在右侧棒针上挂线。

14. 织下针。

15. 将毛线移至前侧，挑起左侧棒针上的线圈织上针。

16. 重复步骤12~15，直至剩余最后2针。

17. 将左侧棒针上接下来的1针织上针。

18. 将左侧棒针上的最后1针直接移至右侧棒针上。

19. 挑起下方辅助线之间的最后1个灰色线圈。

20. 将步骤18、19的2针线圈移至左侧棒针上。

21. 这2针并针织上针。

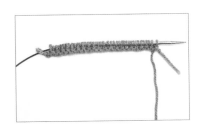

22. 去掉辅助线即可。

双罗纹针

III－－II－－II－－III **两端均为3针下针** 辅助线针数＝（所需针数+4）÷2，所需针数为4的倍数

1. 用辅助线（红色线）起基本针，用本线（灰色线）织3行上下针。

2. 翻转后确认反面图样，然后拉拽末端的辅助线。

3. 找出隐藏其中的1针线圈（灰色线圈）。

4. 将左侧棒针上的第1针线圈直接移至右侧棒针上。

5. 将右侧棒针穿入步骤3中找到的线圈中。

6. 将2针线圈一同移至左侧棒针上，并针织上针。

7. 将左侧棒针的下一针线圈直接移至右侧棒针上。

8. 将右侧棒针穿入下方辅助线之间的灰色线圈中并拉出。

9. 步骤7、8中的2针线圈并针织上针，左侧棒针上的下一针织上针。

10. 将下方辅助线之间连续2针灰色线圈拉出后织下针。

11. 左侧棒针上接着的2针连续织上针。

12. 重复步骤10、11，直至剩余3针。

13. 将左侧棒针上接下来的1针织上针。

14. 将左侧棒针上再接下来的1针线圈直接移至右侧棒针上。

15. 用右侧棒针挑起下方辅助线之间的1个灰色线圈。

16. 将步骤14、15的2针线圈一同移至左侧棒针上，并针织上针。

17. 将左侧棒针上的最后1针线圈直接移至右侧棒针上。

18. 挑起下方辅助线之间的最后1个灰色线圈。

19. 将步骤17、18的2针线圈一同移至左侧棒针上，并针织上针。

20. 去掉辅助线，双罗纹针的完成效果。

经常使用的编织符号

| 下针

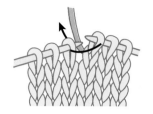  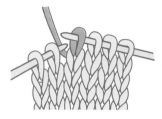

1. 依照箭头方向将右侧棒针穿入左侧棒针的后侧。（左针在右针上面，左针压右针。）

2. 在右侧棒针上向内挂线后，依照箭头方向慢慢抽出右针，将挂线引出并使线圈脱离左针。

3. 下针完成后的图样。

— 上针

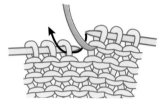  

1. 依照箭头方向将右侧棒针穿入左侧棒针的前侧。（左针在右针下面，右针压左针。）

2. 在右侧棒针上缠绕挂线后，依照箭头方向慢慢抽出右针，将挂线引出并使线圈脱离左针。

3. 上针完成后的图样。

入 右上2针并1针

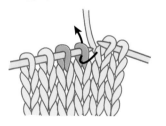 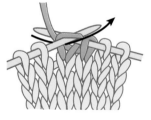 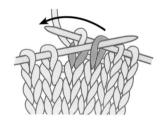

1. 将需要并针的针目直接移至右侧棒针上。

2. 保持步骤1的状态，下一针织下针。

3. 将移至右侧棒针上的针目依照箭头方向套到刚织好的下针上即可。

人 左上2针并1针

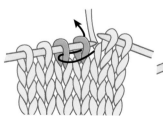 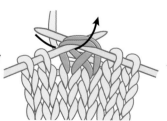 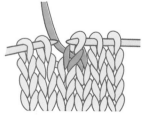

1. 将右侧棒针依照箭头方向穿入左侧棒针上2个线圈中。

2. 2针一起织下针。

3. 完成后的图样。

● 收针

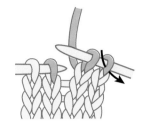  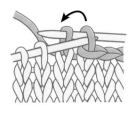

1. 将左侧棒针依照箭头方向穿入右侧棒针上2针下针中的右侧1针中。

2. 用左侧棒针将此针线圈挑至旁边的下针上，套到它上面成为1针。

3. 下一针织下针后，用左侧棒针同法挑针，依次反复收针。

○ 镂空针

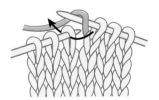 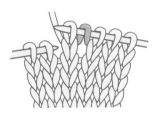 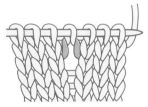

1. 在右侧棒针上挂线，依照箭头方向将右侧棒针穿入左侧棒针的后侧。

2. 挂线织下针。

3. 依次织下针。

木 中上3针并1针

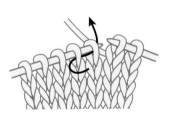 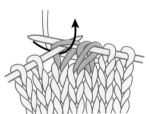 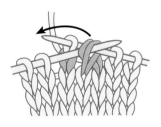

1. 空出2针不织，依照箭头方向将其直接移至右侧棒针上。

2. 第3针织下针。

3. 将直接移针的2针依照箭头方向套到刚织好的下针上即可。

木 左上3针并1针

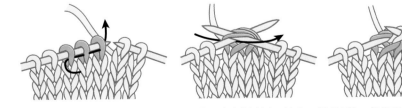 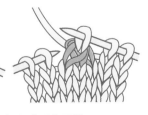

1|2|3. 先将右侧棒针依照箭头方向穿入左侧棒针上3针中，然后3针一起织下针。

4. 完成后的图样。

右上2针交叉
（2:2麻花编织）

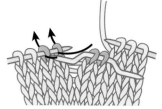 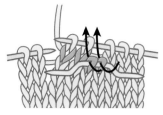 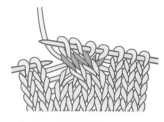

1. 将左侧棒针上的前2针移至麻花针上，放置于织片前侧。接下来的2针依次织下针。

2. 将移至麻花针上的2针依次织下针。

3. 交叉后的图样。

左上2针交叉
（2:2麻花编织）

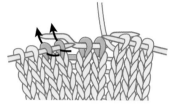 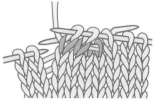 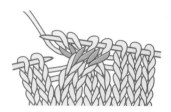

1. 将左侧棒针上的前2针移至麻花针上，放置于织片后侧。接下来的2针依次织下针。

2. 将移至麻花针上的2针依次织下针。

3. 交叉后的图样。

 滑针

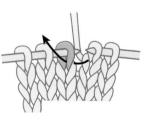 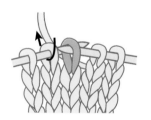 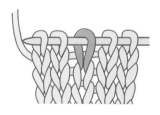

1. 在指定的位置处，不织左侧棒针上的第1针，而直接依照箭头所示将其移至右侧棒针上。

2. 下一针继续编织。

3. 完成后的图样。

1针拉针

1. 第1行织单罗纹针。

2. 下面一行反面不织上针，但如织上针般将线圈直接移至右侧棒针上，在右侧棒针上缠绕挂线后织下针。

3. 再下面一行正面织下针时，连同挂线的线圈一起织下针。

64

扭针加针（2针以上加针）

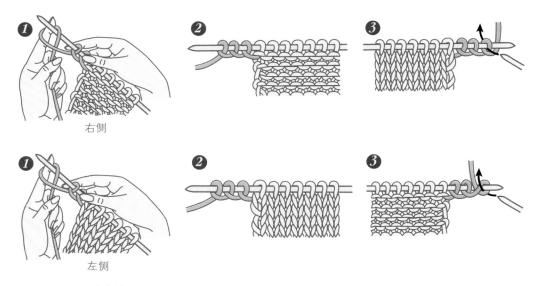

右侧

左侧

1. 如图用手指编出线圈。

2. 将左手手指上的线圈穿到右侧棒针上。

3. 完成加针的图样。

锁针加针

使用钩针另线加针，根据所需加针的针数钩织锁针。钩织完成后依照顺序穿入棒针。

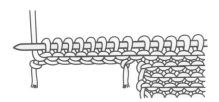

右侧侧边加针

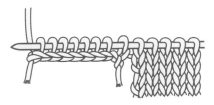

左侧侧边加针

07 收边的方法

❖ 用棒针收边

编织下针并挑针收边（收针收边）

1. 织2针下针。

2. 将左侧棒针穿入织好的第1针下针内，将其挑至第2针下针上后脱离棒针。

3. 接下来的1针织下针。

4. 再次将前一针挑至刚织好的下针上后脱离棒针。

5. 重复步骤3、4。

6. 直至编织并挑针完毕。

7. 留下约15cm长的线头后剪断毛线，将线头穿过最后1针线圈。

8. 拉紧毛线即可。

反向编织单罗纹针并挑针收边

1. 织2针下针。

2. 将左侧棒针穿入右侧棒针上第1针下针内，将其挑至第2针下针上。

3. 接下来将上针织成下针。

4. 再次挑针。

5. 如图将毛线从棒针下面移至前侧。

6. 接下来将下针织成上针。

7. 再次挑针。

8. 如图将毛线从棒针下面移至后侧。

9. 接下来将上针织成下针，再次挑针，重复此过程。

10. 也就是将下针织成上针、上针织成下针的同时进行挑针，且毛线的方向在棒针下面来回移动。

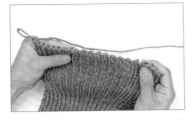

11. 挑针收边的效果，比常规的收边更具有弹性。

12. 将毛线剪断，并将线头从最后1针线圈中穿过收紧即可。

❖ 用金尾针收边

单罗纹针圈织的收边

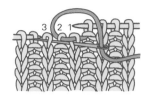

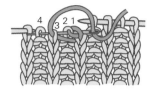

1. 一开始，针由后向前穿入第1针下针1的线圈，再由前往后穿入第2针上针2的线圈。

2. 接下来，下针连接方法如下：针由前往后穿入下针1的线圈，再由后向前穿入下针3的线圈。

3. 上针连接方法如下：针由后向前穿入上针2的线圈，再由前往后穿入上针4的线圈。

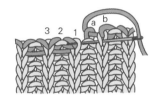

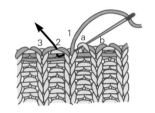

4. 重复步骤2、3。

5. 最后将下针b和起始针下针1连接。

6. 连接上针a和上针2。

单罗纹针片织的收边

‖–I–I–I–‖ **两端2针下针**

1. 将线头穿入金尾针中，将金尾针如织下针般由前往后穿入棒针上的第1针。

2. 接下来将金尾针如织上针般由后向前穿入棒针上的第2针。

3. 如图，金尾针再返回穿入第1针的线圈，同时如织下针般穿起棒针上的上针（即第3针）针目，使二者相连接。

4. 当拉出金尾针上的毛线时一定要缓缓拉出。不要完全拉紧，而应有所保留，形成标记线圈，以此提示（衬托）下一个入针位置（箭头所指），方便寻找下一针。

5. 如图，金尾针如织上针般穿起标记线圈提示的入针位置和棒针上的下针针目。

6. 同样不要将线完全拉紧，而是放慢速度，形成标记线圈，方便寻找下一针。

7. 如图，金尾针如织下针般穿起标记线圈提示的入针位置和棒针上的上针针目。

8. 接下来是如织上针般穿起标记线圈提示的入针位置和棒针上的下针针目。

9. 在反面寻找标记线圈提示的入针位置，如图穿入金尾针。

10. 再如织下针般穿起棒针上的上针针目。

11. 重复步骤8~10。

12. 直至棒针上剩余最后1针。把棒针上的最后1针看作上针来处理，如图，在反面寻找标记线圈提示的入针位置，穿入金尾针，再如织下针般穿起棒针上的最后1针。

13. 最后如图穿入金尾针收尾。

14. 完成后的效果。

双罗纹针片织的收边

| III——II——II——III | 两端3针下针

1. 将线头穿入金尾针中。将棒针上的第1针取下来翻转一下方向。

2. 将翻转后的线圈重新套在棒针上。

3. 如图，将金尾针如织下针般由前往后穿起棒针上的前2针。

4. 接下来将金尾针如织上针般由后向前穿入棒针上的下针（即第3针）针目。

5. 金尾针再返回第1针线圈，由前往后穿入。

6. 再如织下针般由前往后穿入棒针上的上针针目。

7. 当拉出金尾针上的毛线时一定要缓缓拉出。不要完全拉紧，而应有所保留，形成标记线圈，方便寻找下一针。

8. 如图，金尾针如织上针般穿起标记线圈提示的入针位置和棒针上的下针针目（此时隔了1针上针）。

9. 在反面寻找标记线圈提示的入针位置（从反面观察像下针针目）。

10. 如图，金尾针由后向前穿入标记线圈提示的入针位置。

11. 再将金尾针如织下针般穿入棒针上的上针针目（步骤8未处理的那1针上针）。

12. 连接后，连同步骤8已处理的下针针目一起从棒针上移出。

13. 将金尾针如织上针般从正面穿起标记线圈提示的入针位置和棒针上的下针针目。

14. 从反面观察，寻找标记线圈提示的入针位置，如图穿入后再如织下针般穿起棒针上的上针针目。

15. 重复步骤8~14。

16. 重复至棒针上剩余最后2针。

17. 将剩余2针的位置对调后重新套在棒针上。

18. 如图，如织上针般穿起棒针上剩余2针。

19. 最后在反面如图穿入金尾针收尾。

20. 完成后的效果。

08 接缝的方法

上下针接缝

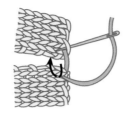

1. 用金尾针如图所示开始2块织片的接缝。

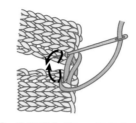

2. 依照箭头所示，逐行穿起2块织片距离端头1针内侧的横向线，并拉紧缝线。

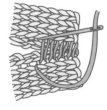

3. 重复步骤2即可。

反上下针*接缝

（*反上下针：即平针的反面，与上下针编织相反。片织时，正面行编织上针，反面行编织下针；圈织时则全部编织上针。）

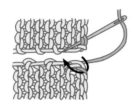

1. 用金尾针如图所示开始2块织片的接缝。

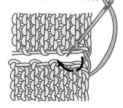

2. 依照箭头所示，逐行穿起2块织片距离端头1针凸起的线。

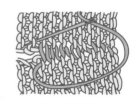

3. 一边交替穿针，一边收紧缝线，直至缝线不明显。

单罗纹针接缝

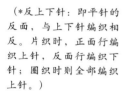

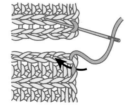

1. 用金尾针如图所示开始2块织片的接缝。

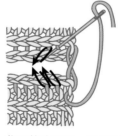

2. 依照箭头所示，逐行穿起2块织片距离端头1针内侧的横向线，并拉紧缝线。

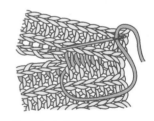

3. 重复步骤2即可。

双罗纹针接缝

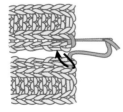

1. 用金尾针如图所示开始2块织片的接缝。

2. 依照箭头所示，逐行穿起2块织片距离端头1针内侧的横向线，并拉紧缝线。

半针接缝

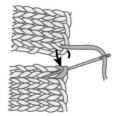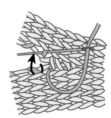

1. 用金尾针如图所示开始2块织片的接缝。

2. 依照箭头所示，逐行穿起2块织片端头的半针，并拉紧缝线，将上下片连接起来。

用钩针编织链条的方法 09
（锁针编织）

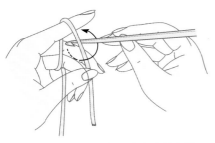

1. 依照箭头方向将毛线在钩针上缠绕一圈。

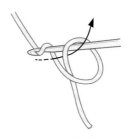

2. 毛线缠绕好的图样。

3. 在钩针上挂线后，依照箭头方向将挂线从圈中引出。

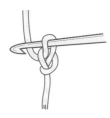

4. 这就是起针后的图样，由于这一针是基本针，所以不包含在基础针数当中。

5. 在钩针上挂线。

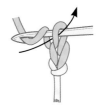

6. 依照箭头方向将挂线引出。

7. 重复步骤5、6，在同一方向依照需要的针数编织锁针。

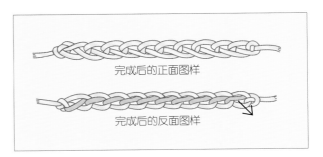

完成后的正面图样

完成后的反面图样

10 毛绒球的制作方法

1. 准备好绕线器。

2. 打开绕线器一侧支架，然后在支架上缠绕毛线。

3. 将毛线密实地缠绕在包括两侧边角在内的支架上。

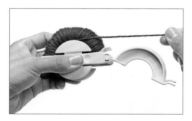

4. 将缠好毛线的一侧支架扣好，再将另一侧支架打开。

5. 在另一侧支架上将毛线缠绕紧实后扣好支架。如图用剪刀从中间剪开毛线。

6. 一边转动绕线器，一边剪开毛线。

7. 在剪开的中缝处缠绕毛线。

8. 拉紧线，系紧实。

9. 展开绕线器支架。

10. 从毛线球中取出绕线器。

11. 用剪刀修剪参差不齐的毛线头，即制作好了圆滚滚的毛绒球。

1. 编织围巾时，侧边总是向内翻卷，为什么会这样呢？

在编织围巾的花样时，特别是仅编织上下针时，完成后容易出现侧边翻卷现象。如果您采用上下针编织，可以尝试在两个侧边各3~4cm宽的正反面花样相同的起伏针或罗纹针。这样能够防止侧边翻卷。如果这样做还无法防止翻卷，可以在编织完成并清洗干净后塑形或用蒸汽熨斗定型，这样能够有效展平翻卷处。

2. 由于刚开始学习编织，挑选毛线时总拿不定主意，选线时应注意些什么呢？

首先需要确定编织何种织物，随后根据所需量一次性购买齐毛线。如果毫无计划地购买毛线，编织过程中很可能出现毛线不足的情况。这时再补购毛线，就可能会出现因染色号码不同而造成的色差。考察毛线混绒率也很重要。儿童织物所用毛线应观察是否柔软、触感好，是否易掉毛；成人织物应考虑完成后是否会过于沉重等。如果无法判断，可以咨询销售者或熟悉毛线的人。

3. 编织过程中脱针或拆线后，毛线变得弯弯曲曲，是否有办法拉直弯曲的毛线呢？

初学者在编织过程中经常会拆掉重织，或将使用过的毛线重复利用，可这时的毛线弯弯曲曲的，不仅使用不便且影响新作品的美观。这时，您可以用带壶嘴的水壶，倒入水并烧开，然后从壶盖处放入毛线，再从壶嘴处慢慢拉出来。这样展平的毛线晾干后与新线别无二致。

4. 请传授手工编织毛衫的洗涤和干燥方法。

手工编织物经过洗涤后外观更为平整美观。洗涤时，在凉水或温水中倒入织物专用洗涤剂，轻轻用手搓洗。漂洗时，倒入几滴纤维柔软剂，漂洗干净后，用干净毛巾包裹好，放入洗衣机（滚筒洗衣机除外）中甩干。将甩干后的毛衫立刻展平，放在通风良好的阴凉处或温暖的空间内晾干，无须熨烫。

5. 毛衫清洗后缩水了，怎么办呢？

纯毛毛衫如果洗涤不当会缩水。处理缩水的毛衫可以这样做：在温水中加入几滴氨水，将衣物浸泡片刻后，在水中缓缓拉伸，拉伸到一定程度后，用毛巾按压去除水分，再放置平整晾干。这样做虽然无法恢复到最初的外形，但能够起到一定的拉伸效果。

6. 请传授正确的毛衣保存方法。

毛衣保存前一定要洗涤干净。将毛衣折叠整齐后放在放有防虫剂和防潮剂的箱子里。纯毛毛衫如果不放置防虫剂，很容易遭受虫子咬蚀毁坏。

红色厚围巾

❖ **完成后尺寸** | 26cm × 180cm

❖ **准备物品** | 毛线 红色美利奴羊毛线 180g
针 6mm 环形针，钩针，金尾针

❖ **测量尺寸** | 18针24行（10cm × 10cm元宝针编织）

1. 用6mm环形针起47针，完成432行元宝针编织。

2. 收针收边（参考P.66）。

3. 连接流苏，以3条40cm长的毛线为1组制作流苏，用钩针在围巾两头各连接23组流苏。

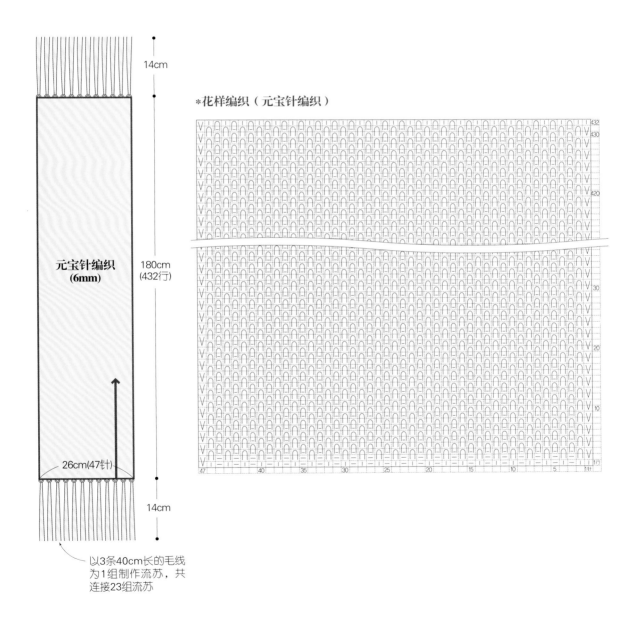

14cm

*花样编织（元宝针编织）

元宝针编织
(6mm)

180cm
(432行)

26cm(47针)

14cm

以3条40cm长的毛线
为1组制作流苏，共
连接23组流苏

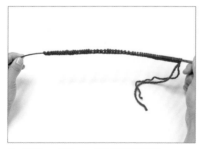

1. **起针** 用6mm环形针起47针。

2. 第1针不织，直接移至右侧棒针。

3. 第2针，将右侧棒针穿入左侧棒针的后侧，织下针。

4. 将线移至前侧（织下针时线在后侧，织上针时线在前侧）。

5. 下一针，将右侧棒针穿入左侧棒针的前侧，织上针。

6. 1针下针、1针上针，反复此过程，最后2针织下针。

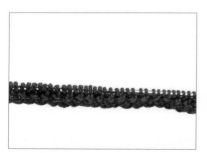

7. 完成2行单罗纹针的效果。

8. **元宝针编织** 第1针不织，直接移至右侧棒针。

9. 将右侧棒针穿入下面一行的线圈（棒针上的线圈的下方线圈）中织下针（挑针编织元宝针）。

10. 将线移至前侧，下一针织上针。

11. 再将线移至后侧，将右侧棒针穿入下面一行的线圈中织下针（挑针编织元宝针）。

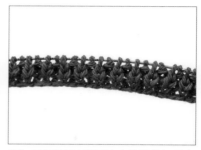

12. 反复编织1针下针（挑针编织元宝针）、1针上针，直至432行。

13. 收边 第1针不织，直接移至右侧棒针。

14. 第2针织下针。

15. 将左侧棒针穿入第1针中，挑针套过第2针。

16. 接下来的1针织下针，再次挑针套过该针。

17. 1针下针，挑针套过该针，反复此过程。

18. 留下约15cm长的线头，将线头穿过最后1针的线圈并收紧。

19. 连接流苏 如图将毛线松松地缠绕在长约32cm的书本上，将一端剪开制作流苏。

20. 每3条线1组并对折，在围巾两头连接流苏的位置从下至上穿入钩针，并将钩针钩住流苏的对折处，将线成束引拔出。

21. 将成束的线从引拔的环中穿过并将线头拉紧。

22. 将流苏都连接好后，再修剪整齐。

23. 整理毛线 用金尾针整理边缝中的线头，将线头从右向左穿过织片。

24. 再将线头从左向右穿过织片。这样反复穿过将线头埋入织片中。

时尚灰色厚围巾

❖ **完成后尺寸** | 24cm×204cm

❖ **准备物品** | 毛线 灰色珍珠线 300g（使用双股线）
针 4mm环形针，7mm环形针，金尾针

❖ **测量尺寸** | 16针21行（10cm×10cm单罗纹针编织，双股线）
26针32行（10cm×10cm单罗纹针编织，单股线）

⟨ 编织方法 ⟩

1. 用4mm环形针及单股线起39针，织38行单罗纹针。
2. 换成7mm环形针及双股线，织378行单罗纹针。
3. 剪断双股线中的1股，换成4mm环形针继续织38行单罗纹针，然后收边（参考p.67）。

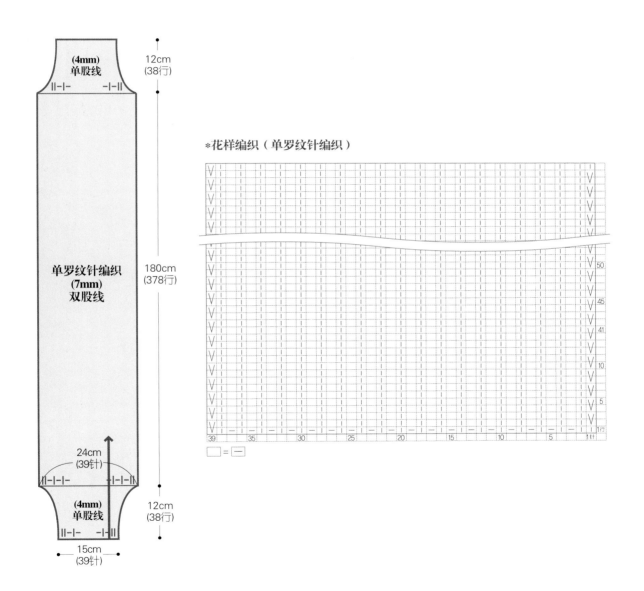

*花样编织（单罗纹针编织）

☐ = ─

竹节纱厚围巾

❖ **完成后尺寸** | 20cm × 180cm

❖ **准备物品** | 毛线 浅咖啡色竹节纱线 300g
针 5mm 环形针，钩针，金尾针

❖ **测量尺寸** | 19针22行（10cm × 10cm变形单罗纹针编织）

编织方法

1. 用5mm环形针起39针，织396行变形单罗纹针。

2. 收针收边（参考p.66）。

3. 连接流苏，以3条40cm长的毛线为1组制作流苏，用钩针在围巾两头各连接13组流苏。

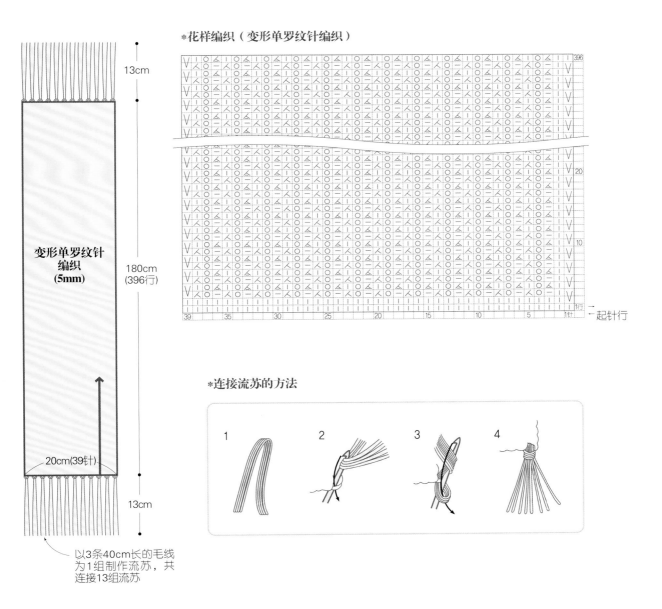

13cm

变形单罗纹针
编织
(5mm)

180cm
(396行)

20cm(39针)

13cm

以3条40cm长的毛线
为1组制作流苏，共
连接13组流苏

*花样编织（变形单罗纹针编织）

←起针行

*连接流苏的方法

1   2   3   4

1. **起针** 用5mm环形针起39针。

2. 织1行上针。

3. **花样编织（正面）** 第1针不织，直接移至右侧棒针。

4. 第2针织下针。

5. 将线移至前侧，第3针织上针。

6. 线仍然放在前侧，如图将右侧棒针穿入接下来的2针线圈中。

7. 如图绕线一起织下针。

8. 将线移至前侧，下一针织上针。

9. 重复步骤6~8，最后1针织下针。

10. **花样编织（反面）** 绕至反面，从下一行开始，第1针不织，如织上针般直接移至右侧棒针。

11. 第2针织上针。

12. 线仍在前侧，接下来的2针一起织下针。

13. 将线移至前侧，下一针织上针。

14. 重复步骤12、13，最后2针织上针。

15. 花样编织效果图。

16. 花样编织共织396行。

17. 收边（参考p.66）。

18. 使用钩针连接流苏（参考p.79连接流苏）。

象牙色镂空披肩

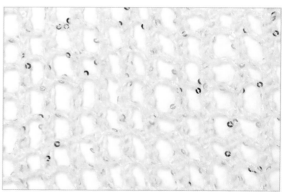

❖ **完成后尺寸** | 42cm × 180cm

❖ **准备物品** | 毛线 象牙色亮片毛线 150g
针 6.5mm 环形针，金尾针

❖ **测量尺寸** | 14针17行（10cm × 10cm花样编织）

{ 编织方法 }

1. 用6.5mm环形针起60针，织1行上针。
2. 完成306行花样编织后收针收边（参考p.66）。

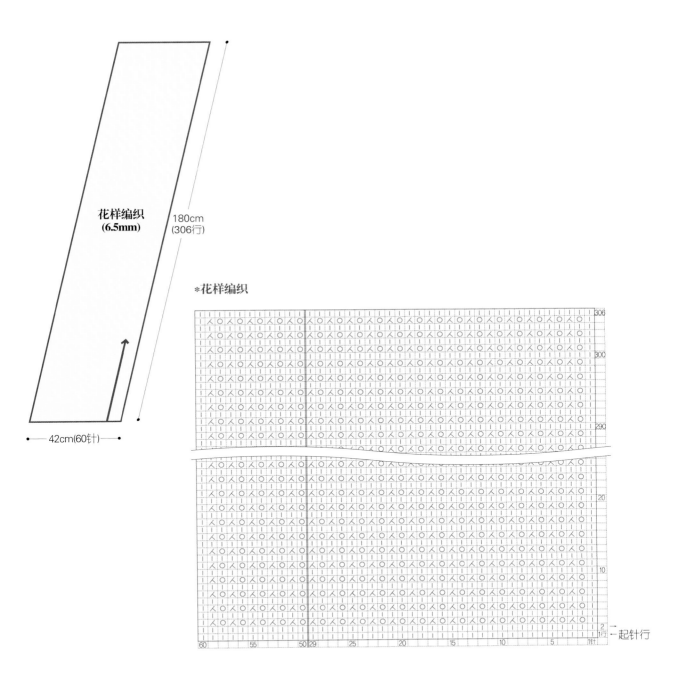

花样编织
(6.5mm)

180cm
(306行)

42cm(60针)

*花样编织

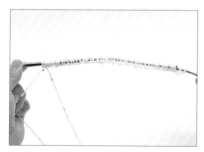

1. 起针 用6.5mm环形针起60针。

2. 织1行上针。

3. 花样编织 第1针织下针。

4. 将线移至前侧。

5. 将右侧棒针穿入接下来的2针线圈的后侧。

6. 如图绕线一起织下针。

7. 再将线移至前侧。

8. 将右侧棒针穿入接下来的2针线圈的后侧，绕线一起织下针。重复步骤4~6。

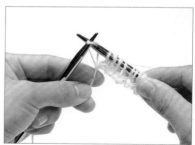

9. 最后1针织下针。

10. 翻转至反面后织1行上针。

11. **花样编织效果** 正面花样编织，反面上针编织，反复编织至306行。

12. 依照花样编织所得到的效果与作品图相同，外观呈斜线。

13. **收边** 开始2针织下针。

14. 将左侧棒针穿入第1针中并挑针套过第2针。

15. 反复挑针并套过，最后留下15cm长的线头，将线头穿过最后1针的线圈并收紧。

军绿色厚围巾

❖ **完成后尺寸** | 25cm×192cm

❖ **准备物品** | 毛线 军绿色美利奴羊毛线 300g
针 5.5mm环形针，金尾针

❖ **测量尺寸** | 20针28行（10cm×10cm起伏针编织）
20针22行（10cm×10cm三罗纹针编织）

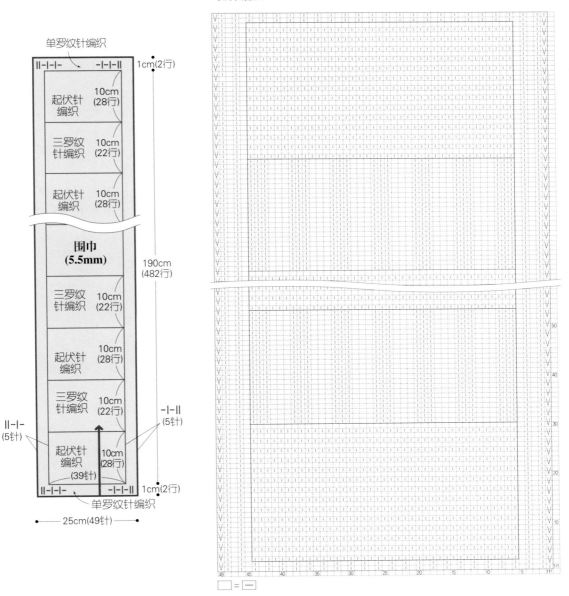

编织方法

1. 用5.5mm环形针起49针，织2行单罗纹针（参考p.58）。

2. 织28行起伏针，两端各织5针单罗纹针。

3. 织22行三罗纹针，两端同样各织5针单罗纹针。

4. 重复步骤2、3，织至482行。

5. 织2行单罗纹针后用金尾针收边（参考p.68单罗纹针片织的收边）。

∗花样编织

单罗纹针编织

‖-l-l-　　　　-l-l-‖　　1cm(2行)

起伏针编织　　10cm(28行)

三罗纹针编织　　10cm(22行)

起伏针编织　　10cm(28行)

围巾(5.5mm)　　190cm(482行)

三罗纹针编织　　10cm(22行)

起伏针编织　　10cm(28行)

三罗纹针编织　　10cm(22行)

-l-‖(5针)

‖-l-(5针)

起伏针编织(39针)　　10cm(28行)

‖-l-l-　　　　-l-l-‖　　1cm(2行)

单罗纹针编织

25cm(49针)

□ = ─

巧克力褐色厚围巾

❖ **完成后尺寸** | 23cm × 200cm

❖ **准备物品** | 毛线 深褐色纯毛毛线 350g
针 6.5mm环形针，7mm环形针，金尾针

❖ **测量尺寸** | 12针16行（10cm × 10cm 1针2行桂花针编织）

{编织方法}

1. 用6.5mm环形针起33针，织2行单罗纹针（参考p.58）。

2. 换成7mm环形针，织316行1针2行桂花针。

3. 再换成6.5mm环形针，织2行单罗纹针后用金尾针收边（参考p.68单罗纹针片织的收边）。

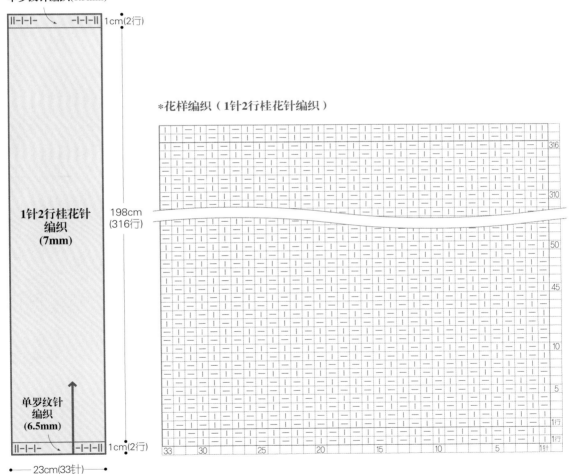

单罗纹针编织(6.5mm)

1cm(2行)

1针2行桂花针
编织
(7mm)

198cm
(316行)

单罗纹针
编织
(6.5mm)

1cm(2行)

23cm(33针)

*花样编织（1针2行桂花针编织）

1. 起针　用6.5mm环形针起33针，织2行单罗纹针[利用辅助线起单罗纹针的效果。辅助线针数计算：（33针+3针）÷2=18针（参考p.58）]。

2. 桂花针编织（1针2行桂花针）　换成7mm环形针进行花样编织，第1针织下针。

3. 将线移至前侧，第2针织上针。交替进行单罗纹针的下针、上针编织，织完一行。

4. 翻转至反面，接下来一行（反面），将上针织成上针，下针织成下针，继续进行单罗纹针编织，织完一行。

5. 再次翻转至正面，第3行将下针织成上针。

6. 将上针织成下针。

7. 每2行换成相反针法编织，织正面行时，将下针织成上针，上针织成下针；织反面行时，将下针织成下针，上针织成上针。

8. 织完第316行后，用金尾针进行单罗纹片织的收边（参考p.68）。

哈利波特厚围巾

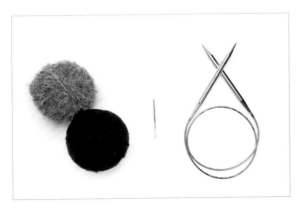

❖ **完成后尺寸** | 24cm × 189cm

❖ **准备物品** | 毛线 海军蓝色美利奴羊毛线 150g，灰色马海毛毛线 80g
针 5.5mm环形针，金尾针

❖ **测量尺寸** | 18针20行（10cm×10cm上下针编织）

编织方法

1. 用5.5mm环形针和海军蓝色毛线起45针，织2行单罗纹针（参考p.58）。

2. 再织34行上下针，两端各织5针单罗纹针。

3. 换成灰色毛线，再织34行上下针，两端同样各织5针单罗纹针。

4. 重复步骤2、3，织完374行。

5. 织2行单罗纹针后用金尾针收边（参考p.68单罗纹针片织的收边）。

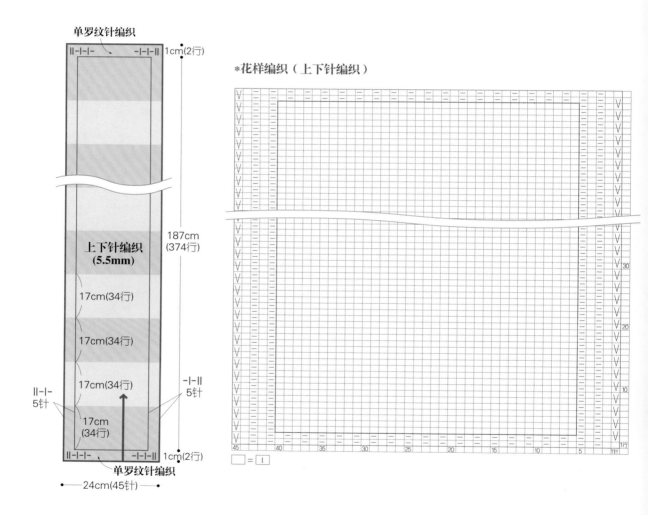

单罗纹针编织

1cm(2行)

*花样编织（上下针编织）

187cm
(374行)

上下针编织
(5.5mm)

17cm(34行)

17cm(34行)

17cm(34行)

-I-II
5针

II-I-
5针

17cm
(34行)

1cm(2行)

单罗纹针编织

24cm(45针)

□ = I

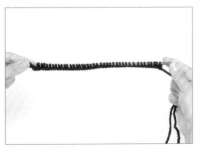

1. 用5.5mm环形针和海军蓝色毛线起45针，织2行单罗纹针[利用辅助线起单罗纹针的效果。辅助线针数计算：（45针+3针）÷2=24针（参考p.58）]。

2. 用海军蓝色毛线织34行上下针，两端各织5针单罗纹针（右侧开始：下针、下针、上针、下针、上针；左侧结束：上针、下针、上针、下针、下针）。

3. 换成灰色毛线编织。两端同样进行下针、上针交替编织的单罗纹针。

4. 以相同方法织34行。

5. 再换成海军蓝色毛线编织34行。每34行完成一次颜色交替，直到织完374行。

粗麻花厚围巾

❖ **完成后尺寸** | 28cm × 210cm

❖ **准备物品** | 毛线 淡粉色羊驼毛线 400g（使用双股线）
针 6.5mm环形针，7mm环形针，麻花针，金尾针

❖ **测量尺寸** | 16针19行（10cm × 10cm花样编织）

编织方法

1. 用6.5mm环形针起44针，织2行双罗纹针（参考p.60）。

2. 换成7mm环形针，完成396行花样编织。

3. 再换成6.5mm环形针，织2行双罗纹针后用金尾针收边（参考p.70双罗纹针片织的收边）。

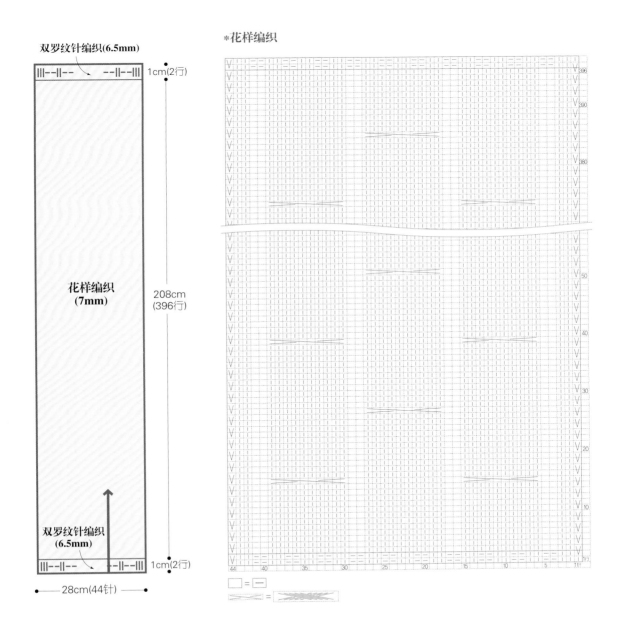

*花样编织

双罗纹针编织(6.5mm)

花样编织
(7mm)

208cm
(396行)

双罗纹针编织
(6.5mm)

1cm(2行)

1cm(2行)

28cm(44针)

$\boxed{} = \boxed{-}$

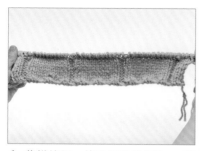

1. **花样编织** 使用双股线和7mm环形针起44针，完成12行花样编织。

2. 交叉针的10针中，将最初的5针移至麻花针上，放置在织片前侧。

3. 从第6针开始织下针。

4. 依照顺序织5针下针。

5. 将移至麻花针上的5针依照顺序织下针。

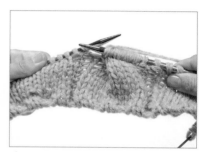

6. 交叉后的效果。

7. 在交叉行别上记数环，便于寻找下一个交叉编织行。

8. 依照相同方法进行下一个交叉编织即可。

树叶花样披肩

❖ **完成后尺寸** | 30cm × 200cm

❖ **准备物品** | 毛线 象牙色马海毛毛线 200g
针 5mm环形针，金尾针

❖ **测量尺寸** | 18针22行（10cm × 10cm花样编织）

编织方法

1. 用5mm环形针起53针，织1行上针后再完成442行花样编织。
2. 收针收边（参考p.66）。

花样编织
(5mm)

200cm
(442行)

←— 30cm(53针) —→

*花样编织

10针20行
1个花样

起针行

海军蓝围脖

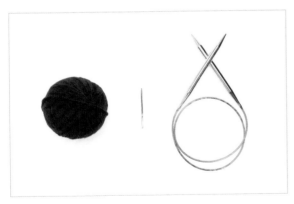

❖ **完成后尺寸** | 周长58cm，长41cm

❖ **准备物品** | 毛线 海军蓝色纯毛毛线 200g
针 8mm环形针，金尾针

❖ **测量尺寸** | 11针19行（10cm×10cm起伏针编织）

⟨編织方法⟩

1. 用8mm环形针起46针，织112行起伏针。
2. 收针收边（参考p.66）。
3. 如图★两端对齐，一侧留出约15cm长的开衩后，用金尾针接缝。

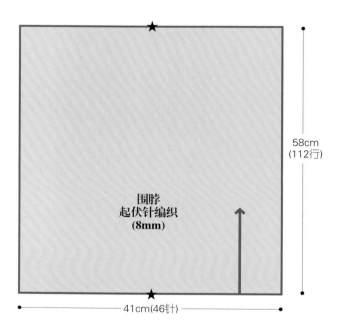

围脖
起伏针编织
(8mm)

58cm
(112行)

41cm(46针)

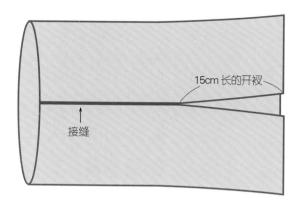

15cm 长的开衩

接缝

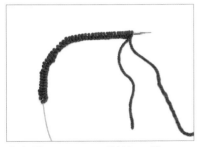

1. 起针 用8mm环形针起46针。

2. 花样编织 将右侧棒针穿入左侧棒针的后侧，第1针织下针。

3. 第2针、第3针织下针。这一行都织下针。

4. 接下来一行也织下针。

5. 正面行、反面行都织下针。

6. 直到织完112行为止。

7. 收边 开始2针织下针。

8. 如图将左侧棒针穿入右侧棒针上的第1针后挑针套过第2针，以相同方法重复至收边完成（参考p.66）。

9. 接缝边线 将一端留出的线头穿入金尾针中，将线头拉至织片另一端的端头处入针。

10. 将两端侧边对齐，一一对应进行接缝。

11. 继续进行接缝。

12. 留出约15cm长的开衩不缝。

浣熊毛领围脖

❖ **完成后尺寸** | 周长 90cm，长 30cm

❖ **准备物品** | 毛线 褐色印染混纺毛线 150g
针 6mm 环形针，金尾针
其他 浣熊毛领 90cm长

❖ **测量尺寸** | 16针 23行（10cm×10cm花样编织）

❨编织方法❩

1. 用6mm环形针和辅助线（不同颜色的毛线）起49针。
2. 用褐色线进行208行花样编织。
3. 如图将★两端对齐，用金尾针接缝。
4. 脖子部位边缘处缝制浣熊毛领。

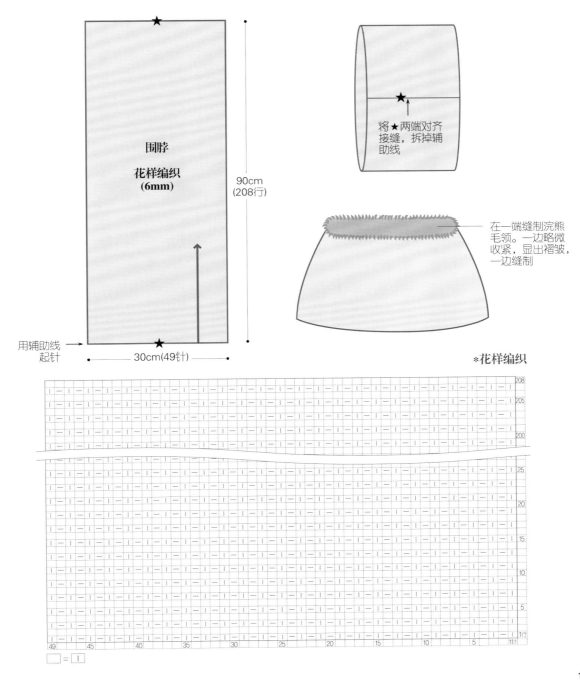

围脖

花样编织
(6mm)

90cm
(208行)

用辅助线
起针

30cm(49针)

将★两端对齐
接缝，拆掉辅
助线

在一端缝制浣熊
毛领。一边略微
收紧，显出褶皱，
一边缝制

*花样编织

208
205

200

25

20

15

10

5

1行

49   45   40   35   30   25   20   15   10   5   1针

□ = I

1. **花样编织** 用6mm环形针及不同颜色的辅助线（红色线）起49针，本线第1针织下针。

2. 将线移至前侧，第2针织上针。

3. 将线移至后侧，第3针织下针。

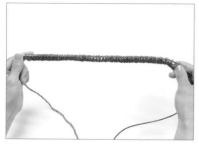

4. 反复编织单罗纹针，织完一行。

5. 翻转至反面后，第2行第1针织上针。

6. 持续织上针，织完一行。

7. 正面行织单罗纹针，反面行织上针，反复编织。

8. 织完208行后，留下80cm长的线头，然后将线头穿入金尾针中。

9. **连接两端** 在连接线头的端头的第1针线圈中如织上针般穿入金尾针拉出线头。

10. 再从上侧织片的第1针线圈中穿出。

11. 接下来由前往后穿入下侧第1针的半针线圈，再如织上针般从第2针线圈中穿出。

12. 再穿起上侧的1针线圈。

13. 下侧由前往后穿入第2针线圈，再如织下针般从第3针线圈中穿出。

14. 再穿起上侧的1针线圈。

15. 下侧由后向前穿入第3针线圈。

16. 接下来如织上针般从第4针线圈中穿出。

17. 再穿起上侧的1针线圈。

18. 下侧由前往后穿入搭着线头的1针线圈，再如织下针般从接下来的1针线圈中穿出。如此反复进行接缝。接缝结束后拆掉辅助线。

19. 缝制浣熊毛领 在接缝为圆筒形状的围脖上缝制浣熊毛领。一边略微收紧，显出褶皱，一边缝制。

麻花围脖

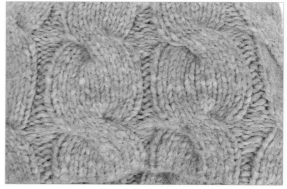

❖ **完成后尺寸** | 周长 82cm，长 22cm

❖ **准备物品** | 毛线 驼色羊驼毛线 200g
针 8mm 环形针，麻花针，金尾针

❖ **测量尺寸** | 12针17行（10cm×10cm花样编织）

编织方法

1. 用8mm环形针起96针。

2. 圈织48行花样。

3. 织第49行麻花花样时，每1个花样减2针。

4. 织到76行后收针收边（参考p.66）。

5. 如图将★两端各向外折向中间，对齐后接缝，然后再翻转隐藏缝边。

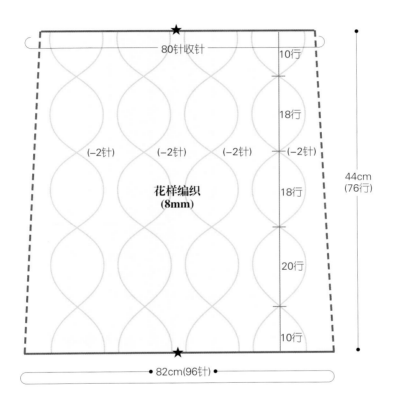

80针收针

10行

18行

(−2针)　(−2针)　(−2针)　(−2针)

18行

花样编织
(8mm)

20行

10行

44cm
(76行)

●82cm(96针)●

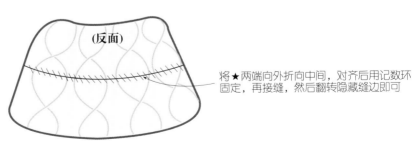

(反面)

将★两端向外折向中间，对齐后用记数环
固定，再接缝，然后翻转隐藏缝边即可

＊花样编织

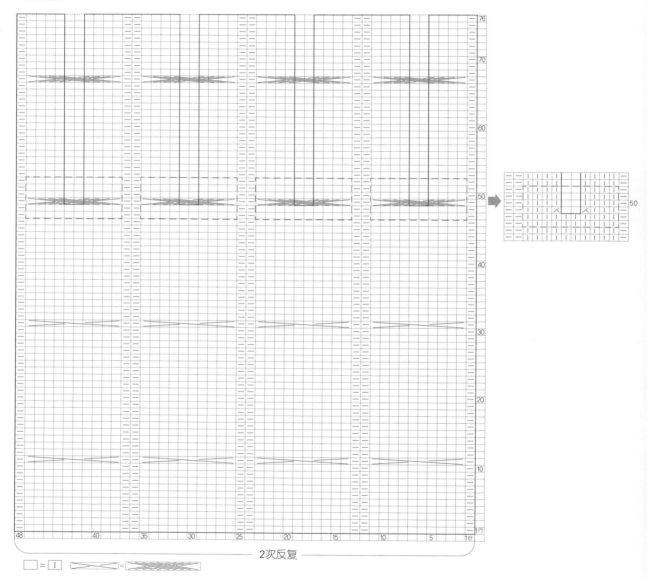

1. **第49行花样编织** 起49针圈织48行花样后，在织第49行交叉针的10针时，先将前5针移至麻花针上，放置在织物前侧。

2. 接下来第6针和第7针并针织下针而减1针。

3. 第8、9、10针依次织下针。

4. 移至麻花针上的第1针和第2针并针织下针从而减1针。

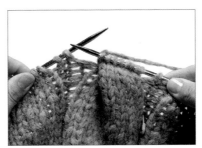

5. 第3、4、5针依次织下针。

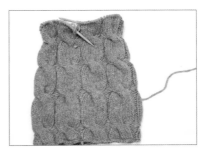

6. 编织完76行。

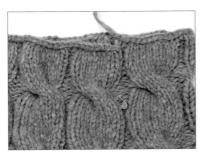

7. 收边（参考p.66）。

8. 织成圆筒状的织物上下两端各向外折向中间（反面朝外），上下两端对齐接缝，然后再翻转隐藏缝边即可。

9. 完成后的效果。

长围脖

❖ **完成后尺寸** | 周长 130cm，长 25cm

❖ **准备物品** | 毛线 灰色印染混纺毛线 150g（使用双股线）
针 7mm环形针，金尾针

❖ **测量尺寸** | 14针18行（10cm×10cm 1针2行桂花针编织）

编织方法

1. 用7mm环形针和辅助线（不同颜色的毛线）起36针。
2. 用灰色毛线完成234行1针2行桂花针编织。
3. 如图将★两端对齐，用金尾针接缝（参考p.108连接两端）后，拆掉辅助线。

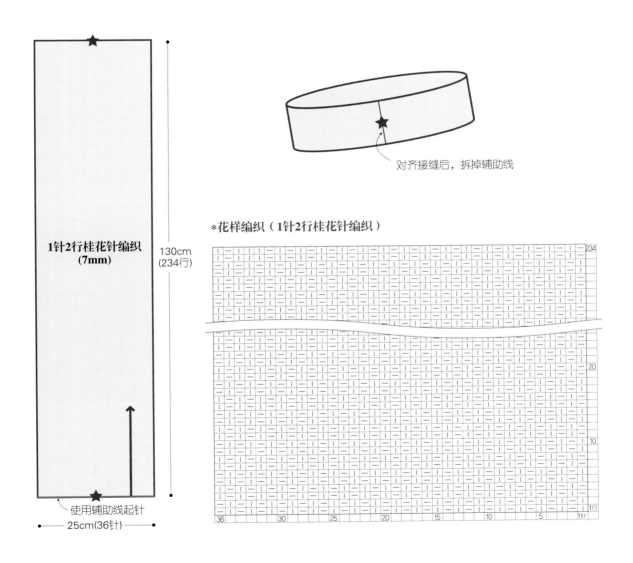

1针2行桂花针编织
(7mm)

130cm
(234行)

使用辅助线起针

25cm(36针)

对齐接缝后，拆掉辅助线

*花样编织（1针2行桂花针编织）

黑色连帽围脖

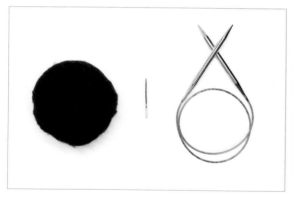

❖ 完成后尺寸 周长 95cm，长 60cm

❖ 准备物品 毛线 黑色金丝混纺纱线 300g（使用双股线）
针 6mm环形针，6.5mm环形针，金尾针
其他 直径2cm的按扣 3组

❖ 测量尺寸 14针19行（10cm×10cm单罗纹针编织）

编织方法

1. 用6.5mm环形针起135针，织38行单罗纹针。

2. 第39行中间有7处编织左上3针并1针（参考p.63），减14针（第1次减针是第14、15、16针并针织下针，第2次减针是第16、17、18针并针织下针，依次类推进行减针）。

3. 随后按照6行10针1次、4行10针1次、2行10针3次进行减针后，再不加针不减针织1行，然后收针收边（参考p.66）。

4. 在帽子部位挑71针，织54行单罗纹针。

5. 以帽顶3针为中心，两侧各按照1行1针1次、4行1针1次、2行1针4次进行减针，再对折后缝制成帽子。

6. 用6mm环形针在前襟处各挑42针，帽子部位挑113针，共挑197针，织8行单罗纹针，用金尾针收边（参考p.68单罗纹针片织的收边）。

7. 在前襟上缝制3组按扣。

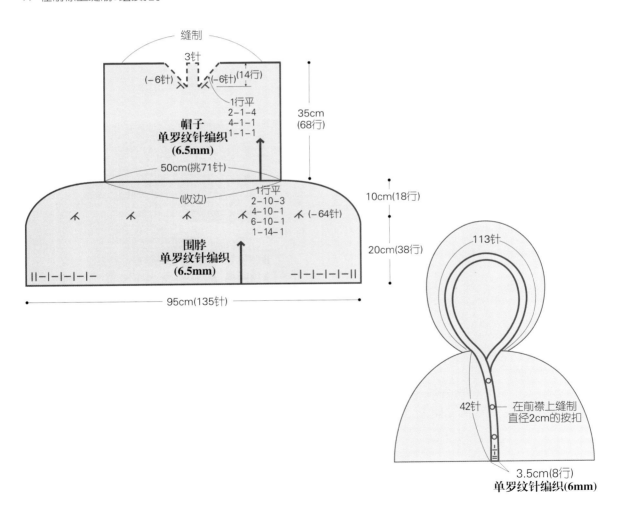

缝制

3针

(-6针) (-6针)(14行)

1行平
2-1-4
4-1-1
1-1-1

帽子
单罗纹针编织
(6.5mm)

35cm
(68行)

50cm(挑71针)

(收边)

1行平
2-10-3
4-10-1
6-10-1
1-14-1

(-64针)

10cm(18行)

围脖
单罗纹针编织
(6.5mm)

20cm(38行)

‖-l-l-l-l-l-   -l-l-l-l-l-‖

95cm(135针)

113针

42针

在前襟上缝制
直径2cm的按扣

3.5cm(8行)
单罗纹针编织(6mm)

红色毛绒球帽子

❖ **完成后尺寸**	头围 54cm
❖ **准备物品**	毛线 红色美利奴羊毛线 100g 针 5.5mm 短环形针，6mm短环形针，金尾针 其他 绕线器
❖ **测量尺寸**	19.5针29行（10cm×10cm花样编织）

1. 用5.5mm短環形針起106針，圈織8行單羅紋針。

2. 換成6mm短環形針，圈織42行花樣。

3. 最後14行如編織圖解所示進行減針。

4. 將線頭穿入金尾針後再穿過剩餘線圈，穿2次，收攏鎖緊帽頂。

5. 製作直徑7cm的毛絨球（參考p.74），縫製在帽子頂部。

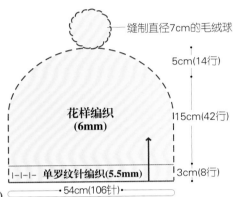

縫製直徑7cm的毛絨球

5cm(14行)

花樣編織
(6mm)

15cm(42行)

I-I-I- 單羅紋針編織(5.5mm)

3cm(8行)

•54cm(106針)•

*花樣編織（元寶針編織）

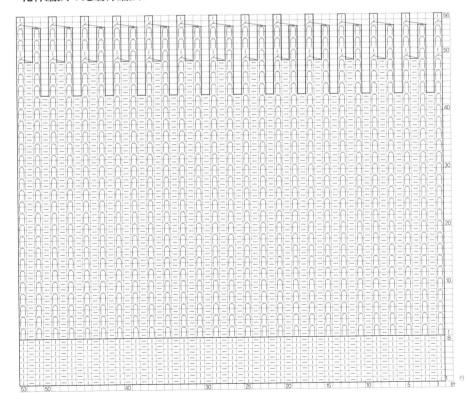

1. 用5.5mm短环形针起106针，将带织线的一侧置于右手边进行圈织（编者注：片织时，带织线的一侧是置于左手边的），第1针织下针。

2. 将线移至前侧，下一针织上针。

3. 1针下针、1针上针交替编织，织8行单罗纹针。

4. 花样编织（挑针） 换成6mm短环形针，先织1行单罗纹针后，将右侧棒针穿入第1针下面一行的线圈中，织下针。

5. 将线移至前侧。

6. 第2针将上针织成上针。

7. 反复此过程：下针就在下面一行的线圈中穿入棒针织下针，上针继续织上针。直至完成1行花样编织，继续进行1行单罗纹针编织。

8. 圈织42行（单数行进行单罗纹针编织，双数行进行挑针花样编织，如此反复）。

9. 减针 第43行织单罗纹针时，第1针织下针，随后的上针和下针线圈并针织下针。

10. 将线移至前侧，下一针织上针。

11. 下一针正常织下针。

12. 接下来的2针并针织下针（即1针上针和1针下针并针织下针），接着织1针上针、1针下针，反复织完1行，再完成5行花样编织。

13. 在步骤12中没有减针的1针上针和随后的1针下针并针织下针，上针全部减针完毕，再完成5行花样编织。再依次将2针下针并针织下针，则再次完成了减针。最后织1行下针。

14. 收边 留下30cm长的线头，将其穿入金尾针后再穿过剩余线圈，收拢线圈。

15. 顺着穿入线头的方向再穿一遍线，完全收拢缝隙。

16. 收拢锁紧帽顶。

17. 再将金尾针穿入帽顶，从下方穿出。

18. 制作直径7cm的毛绒球（参考p.74）。

19. 将毛绒球上的两条线头分开1cm宽穿入帽顶内，在内侧把毛绒球系紧。

紫色毛绒球帽子

❖ **完成后尺寸** | 头围 55cm

❖ **准备物品** | 毛线 紫色纯毛毛线 100g
针 5.5mm短环形针，6mm短环形针，金尾针
其他 绕线器

❖ **测量尺寸** | 12针19行（10cm×10cm花样编织）

❦编织方法❧

1. 用5.5mm短环形针起66针，圈织6行单罗纹针。

2. 换成6mm短环形针，圈织30行花样。

3. 如花样编织图解，编织10行完成减针。

4. 将线头穿入金尾针后再穿过剩余线圈，收拢锁紧帽顶。

5. 制作直径7cm的毛绒球（参考p.74），缝制在帽子顶部。

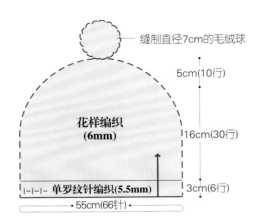

缝制直径7cm的毛绒球

5cm(10行)

花样编织
(6mm)

16cm(30行)

—|—|—|— 单罗纹针编织(5.5mm)

3cm(6行)

• 55cm(66针) •

*花样编织

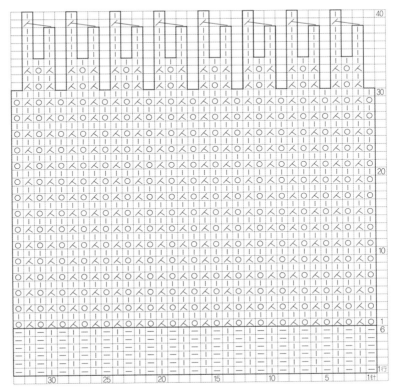

1. 用5.5mm短环形针起66针。

2. 将带织线的一侧置于右手边进行圈织，第1针织下针。

3. 将线移至前侧，下一针织上针。

4. 1针下针、1针上针交替编织6行单罗纹针。

5. **花样编织** 换成6mm短环形针，第1针织下针。

6. 第1针系上记数环，标示起始点。

7. 将线移至前侧，将右侧棒针穿入接下来的2针线圈的后侧。

8. 如图绕线一起织下针（这时采用镂空针织出孔洞，相当于加了1针）。再次将线移至前侧，接下来的2针绕线一起织下针，反复此过程织1行。

9. 织1行下针。

10. 重复步骤7~9。

11. 完成30行花样编织（单数行完成孔洞编织，双数行织下针，反复编织）。

12. **减针** 第31行，先是2针并针织下针。然后将线移至前侧，接下来的2针绕线一起织下针。反复此过程织完1行。

13. 再织1行下针，随后完成2行花样编织。

14. 第35行，在编织孔洞处时，不要将线移至前侧，直接2针并针编织进行减针，如此织完1行。再织3行下针。下一行，每2针并针织下针，反复此过程减针。最后再织1行下针。

15. 收边 留下30cm长的线头，将其穿入金尾针中。

16. 用金尾针穿过剩余线圈，收拢锁紧帽顶。

17. 将金尾针穿入帽顶，从下方穿出。

18. 制作直径7cm的毛绒球（参考p.74）。将毛绒球上的两条线头分开1cm宽穿入帽顶内，在内侧把毛绒球系紧。

糖果毛绒球帽子

❖ **完成后尺寸** | 头围 55cm

❖ **准备物品** | 毛线 象牙色羊驼毛线 100g，粉色系混合色纱线 50g
针 6.5mm环形针，7mm环形针，金尾针
其他 绕线器

❖ **测量尺寸** | 13.5针17行（10cm×10cm上下针编织）

1. 用6.5mm环形针及象牙色毛线起74针，织8行单罗纹针（参考p.58）。

2. 换成7mm环形针，织22行上下针（象牙色毛线4行，混合色纱线16行，象牙色毛线2行）。

3. 从第23行开始，如图将所有针目分成8份，两端各10针，中间6份各9针，每份分别按照1行1针1次、2行1针5次进行减针，再不加针不减针织1行。

4. 剩余26针，将线头穿入金尾针后进行双重穿针收拢，即每隔一个线圈穿入金尾针，拉线收拢；剩余线圈依照同一方向也穿入金尾针，拉线收拢。

5. 将织片反面相对，侧边对齐，用金尾针接缝侧边（参考p.72单罗纹针接缝和上下针接缝）。

6. 制作直径7cm的毛绒球（参考p.74），缝制在帽子顶部。

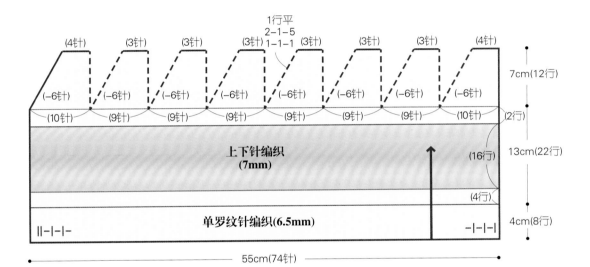

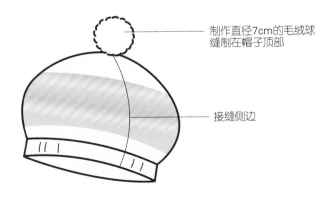

制作直径7cm的毛绒球
缝制在帽子顶部

接缝侧边

1. 起针　用6.5mm环形针起74针，织8行单罗纹针[利用辅助线起单罗纹针的效果。辅助线针数计算：（74针+2针）÷2=38针（参考p.58）]。

2. 换成7mm环形针，织4行上下针。

3. 把线换成混合色纱线时，将右侧棒针穿入第1个线圈中，留下约10cm长的线头后挂在针上织下针。用混合色纱线织16行上下针。

4. 以相同方法将线换成象牙色毛线。

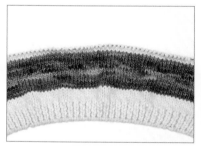

5. 用象牙色毛线织2行上下针。

6. 减针　织8针下针。

7. 第9针、第10针并针织下针。

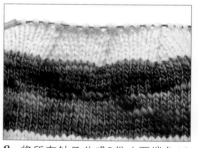

8. 将所有针目分成8份（两端各10针，中间6份各9针），每份各通过12行减6针。

9. 留下30cm长的线头，将其穿入金尾针中。

10. 双重穿针收拢　剩余的线圈进行双重穿针，将金尾针穿过第1针。

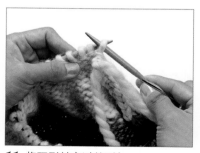

11. 将环形针穿过第2针。

12. 金尾针穿过单数线圈，环形针穿过双数线圈。

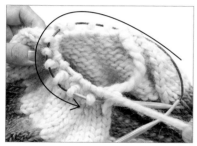

13. 收拢金尾针穿过的线圈。

14. 再依照同一方向将金尾针穿过环形针上剩余的其他线圈中，拉紧收拢线圈。

15. **接缝侧边** 将起针端线头穿入金尾针。

16. 如图将金尾针穿入织片相反一侧端头的1个线圈的内侧。

17. 再将金尾针穿入线头一侧1个线圈的内侧。

18. 再用金尾针穿起相反一侧距离端头1针内侧的横向线。

19. 逐行穿起两侧距离端头1针内侧的横向线，并拉紧线（参考p.72单罗纹针接缝）。

20. 缝到上下针编织部位，同样逐行穿起两侧距离端头1针内侧的横向线，并拉紧线（参考p.72上下针接缝）。如此将各种色调拼合对齐后接缝。

21. 如图将帽顶部位的线圈一点点挑起，再次拉紧收拢。

22. 将金尾针穿入帽顶，从下方穿出。

23. 制作直径7cm的毛绒球（参考p.74），将毛绒球上的两条线头分开1cm宽穿入帽顶内，在内侧把毛绒球系紧。

花式纱线毛绒球帽子

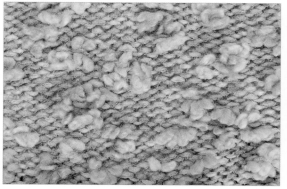

❖ **完成后尺寸** ｜ 头围 56cm

❖ **准备物品** ｜ 毛线 印染花式纱线 80g，灰驼色天然羊毛线 80g
针 6.5mm环形针，7mm环形针，金尾针
其他 绕线器

❖ **测量尺寸** ｜ 11.5针17行（10cm×10cm反上下针编织）

1. 用6.5mm环形针和灰驼色天然羊毛线起66针，织14行双罗纹针。

2. 换成7mm环形针和印染花式纱线，织24行反上下针。

3. 从第25行开始，如图将所有针目分成8份，两端各9针，中间6份各8针，每份分别按照1行1针1次、2行1针5次进行减针，再不加针不减针织1行。

4. 将线头穿入金尾针后再穿过剩余18针线圈，收拢锁紧帽顶。

5. 将织片反面相对，侧边对齐，用金尾针接缝侧边（参考p.72反上下针接缝和双罗纹针接缝）。

6. 制作直径7cm的毛绒球（参考p.74），缝制在帽子顶部。

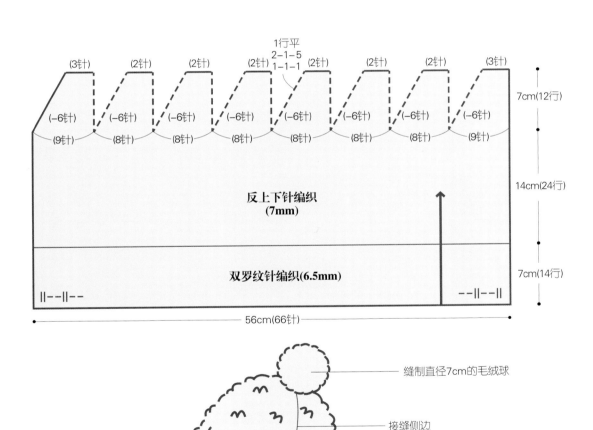

多彩麻花帽子

❖ **完成后尺寸** | 头围 53cm

❖ **准备物品** | 毛线 青紫色、深粉色、灰色、青绿色混纺毛线 各30g
针 4mm环形针，4.5mm环形针，麻花针，金尾针
其他 绕线器

❖ **测量尺寸** | 23针30行（10cm×10cm花样编织）

{编织方法}

1. 用4mm环形针和青紫色毛线起122针，织24行单罗纹针。

2. 换成4.5mm环形针，先完成42行花样编织，再参照编织图解进行20行减针编织，在此过程中完成换色编织（深粉色32行，灰色16行，青绿色14行）。

3. 将线头穿入金尾针后再穿过剩余线圈，收拢锁紧帽顶。

4. 使用金尾针接缝侧边，其中单罗纹针编织部分在反面、花样编织部分在正面进行接缝。

5. 用青紫色毛线制作直径7cm的毛绒球（参考p.74），缝制在帽子顶部。

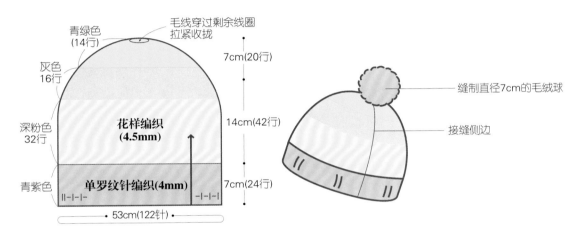

*花样编织

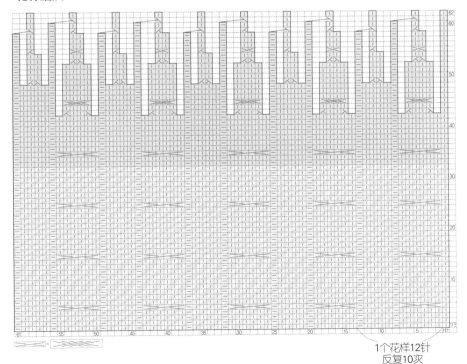

1个花样12针
反复10次

竹节纱护耳帽子（女性用）

❀ **完成后尺寸** | 头围56cm

❀ **准备物品** | 毛线 浅咖啡色竹节纱线 100g
针 5.5mm手套棒针，5.5mm短环形针，钩针7/0号，金尾针
其他 绕线器

❀ **测量尺寸** | 15针23行（10cm×10cm上下针编织）

编织方法

1. 用5.5mm手套棒针起4针，织104行上下针，编织长约45cm的帽带。向上再织34行，同时两端分别按照1行1针1次、2行1针3次、4行1针6次进行加针，再不加针不减针织3行（护耳部位）。

2. 以相同方法再织1片。

3. 将织好的1片护耳（24针）用5.5mm短环形针织下针，再织22针扭针加针。另一片护耳（24针）继续用5.5mm短环形针织下针后，再织14针扭针加针。

4. 所有的针目都转到短环形针上后，圈织30行上下针。

5. 将所有针目七等分，每等份各按照1行1针1次、2行1针6次进行减针，再不加针不减针织1行。

6. 剩余35针，将线头穿入金尾针后进行双重穿针收拢（参考p.128双重穿针收拢）。

7. 使用7/0号钩针在帽子边缘完成1行并针编织。

8. 制作直径7cm的毛绒球（参考p.74），缝制在帽子顶部。

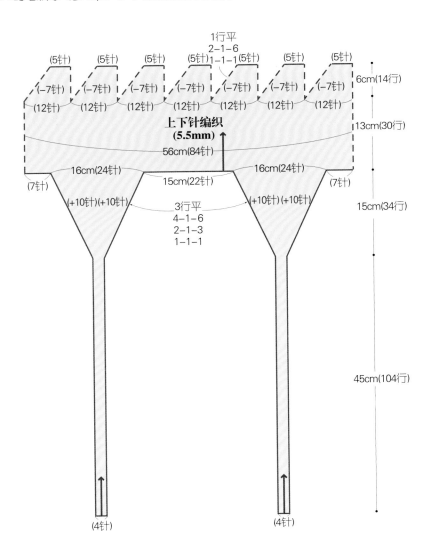

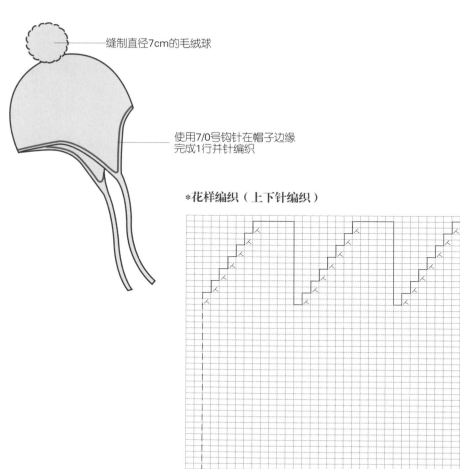

缝制直径7cm的毛绒球

使用7/0号钩针在帽子边缘
完成1行并针编织

*花样编织（上下针编织）

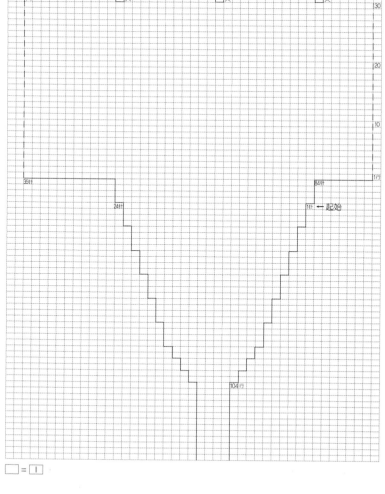

□ = □

1. 用5.5mm手套棒针起4针，织上下针（即片织时，正面行仅织下针，反面行仅织上针）。

2. 织104行上下针。

3. 护耳部位加针　第1针织下针。

4. 用左侧棒针由后向前挑起前一行2针线圈之间的横向线。

5. 如图将右侧棒针穿入挑起的线圈后侧，织下针。

6. 中间2针，即最后1针之前的2针线圈织下针。

7. 同步骤4用左侧棒针由后向前挑起前一行2针线圈之间的横向线，织下针。

8. 最后1针织下针（即两端分别完成1-1-1加针，共有6针）。按照编织图解两端各增加10针，织34行上下针。

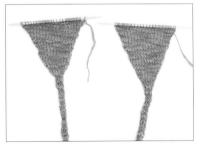

9. 以相同方法共织2片。

10. **扭针加针（参考p.65）**　用5.5mm短环形针将1片护耳的24针线圈织下针，随后将线如图挂在左手食指上。

11. 如图用针挑起食指前侧的线圈，将线圈缠绕在针上。

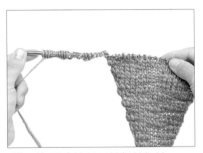

12. 以相同方法织22针扭针加针。

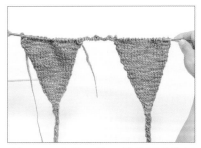

13. 另一片护耳的24针线圈继续用5.5mm短环形针织下针。

14. 再织14针扭针加针。

15. 将环形针连接线部位弯曲回旋，使其呈圆筒状，将带织线的一侧置于右手边，准备圈织。

16. 织30行上下针（圈织上下针时，仅织下针即可）。

17. 将所有针目七等分，每等份12针，分别经过14行后各减7针（例如1-1-1减针，是将第11、12针并针织下针，减了1针）。剩余35针，将线头穿入金尾针后进行双重穿针收拢（参考p.128双重穿针收拢）。

18. 并针编织 将7/0号钩针从护耳起始点插入，挂线后引出。

19. 再在距离约0.5cm处插入钩针，挂线后引出，再将引出的线从挂在钩针上的线圈中穿出。以相同方法在帽子边缘完成1行并针编织。

竹节纱护耳帽子（男性用）

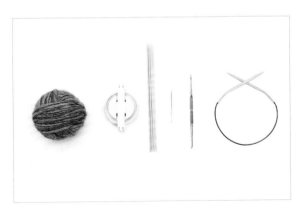

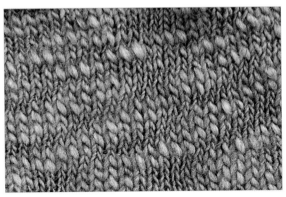

❖ **完成后尺寸**　头围 60cm

❖ **准备物品**　毛线 灰色竹节纱线 100g
针 5.5mm手套棒针，5.5mm短环形针，钩针7/0号，金尾针
其他 绕线器

❖ **测量尺寸**　15针23行（10cm × 10cm上下针编织）

编织方法

1. 用5.5mm手套棒针起4针，织104行上下针，编织长约45cm的帽带。向上再织38行，同时两端分别按照1行1针1次、2行1针3次、4行1针7次进行加针，再不加针不减针织3行（护耳部位）。

2. 以相同方法再织1片。

3. 将织好的1片护耳（26针）用5.5mm短环形针织下针，再织25针扭针加针。另一片护耳（26针）继续用5.5mm短环形针织下针后，再织14针扭针加针。

4. 所有的针目都转到短环形针上后，圈织36行上下针。

5. 将所有针目七等分，每等份各按照1行1针1次、2行1针7次进行减针，再不加针不减针织1行。

6. 剩余35针，将线头穿入金尾针后进行双重穿针收拢（参考p.128双重穿针收拢）。

7. 使用7/0号钩针在帽子边缘完成1行并针编织（参考p.138并针编织）。

8. 制作直径7cm的毛绒球（参考p.74），缝制在帽子顶部。

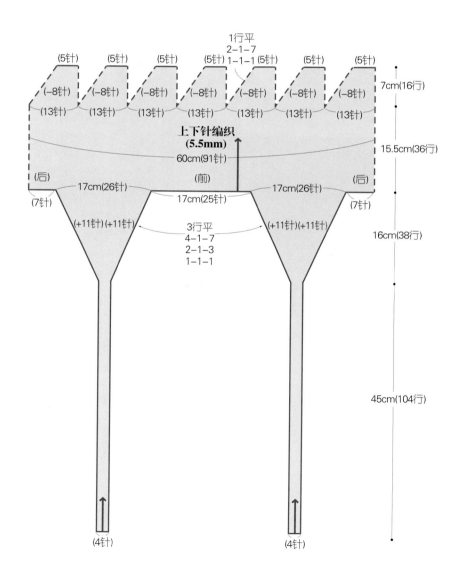

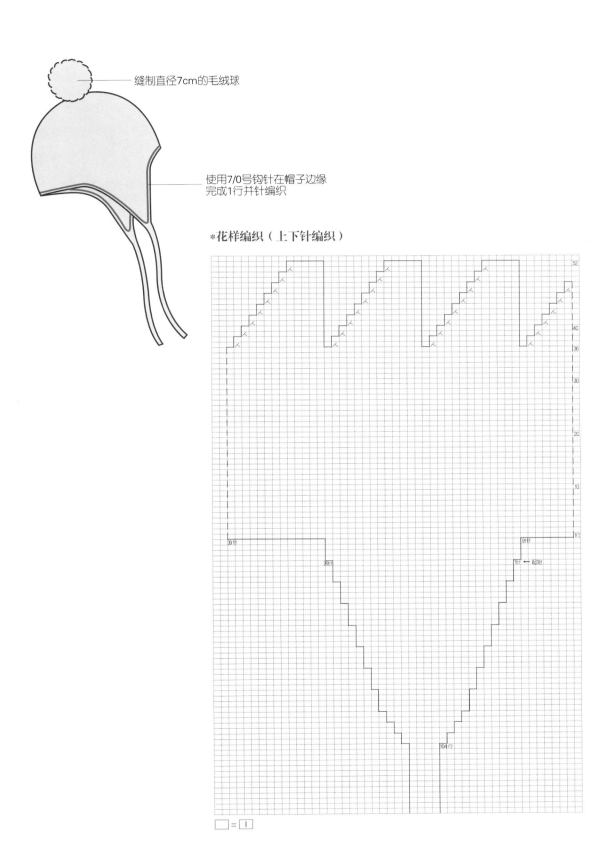

縫制直径7cm的毛绒球

使用7/0号钩针在帽子边缘
完成1行并针编织

*花样编织（上下针编织）

□ = 1

复古风情帽子

❖ **完成后尺寸** 头围 56cm

❖ **准备物品** 毛线 砖红色牦牛毛线 100g
针 4mm环形针，4.5mm短环形针，钩针4/0号，金尾针
其他 绕线器

❖ **测量尺寸** 20针44行（10cm×10cm起伏针编织）
20针33行（10cm×10cm上下针编织）

编织方法

1. 用4mm环形针起82针，织20行起伏针，同时两端分别按照3行1针1次、6行1针2次进行加针，再不加针不减针织5行。完成后将所有的针目移到4.5mm短环形针上。
2. 使用4/0号钩针，织24针锁针，在24针锁针链的里山中穿入4.5mm短环形针。
3. 圈织40行（上下针编织10行，起伏针编织14行，如此反复编织）。
4. 将所有针目七等分，每等份各按照1行1针1次、2行1针9次进行减针，再不加针不减针织1行。
5. 剩余42针，将线头穿入金尾针后进行双重穿针收拢（参考p.128双重穿针收拢）。
6. 使用4/0号钩针钩织锁针，直至30cm长，钩2条作为帽带。
7. 制作2个直径4cm的毛绒球（参考p.74），如图缝制在两条帽带上，再将帽带缝制在帽子上。

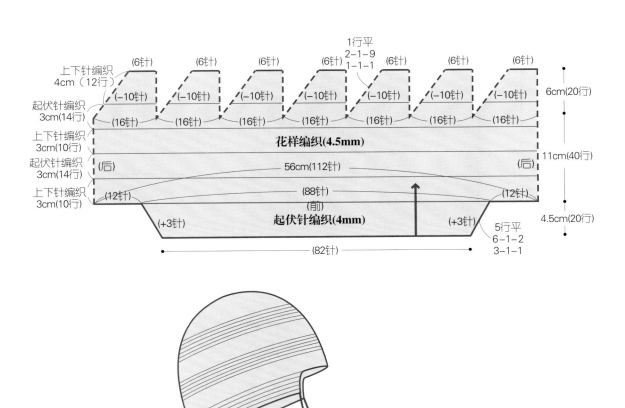

143

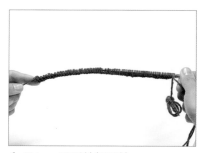

1. 用4mm环形针起82针。

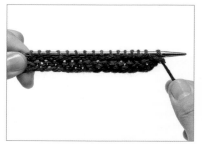

2. 织4行（包含起针的1行）起伏针（仅织下针）。

3. **加针** 第1针织下针。

4. 随后挑起接下来1针下方的横向线。

5. 挂线后织下针，即加了1针。

6. 接下来的针目继续织下针，直至剩余最后2针，以相同方法编织加针。

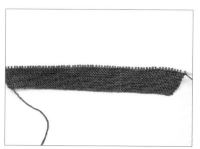

7. 以相同方法编织加针，两端各加3针，织20行起伏针。再将所有的针目移到4.5mm短环形针上。

8. 使用钩针钩织锁针。

9. 钩织24针锁针（参考p.73）。

10. 将穿有起伏针织片的短环形针穿入锁针的里山。

11. 穿入24针锁针链的里山。

12. 折叠弯曲短环形针的连接线，将带织线的一侧置于右手边，准备圈织。

13. 完成40行花样编织。

14. 如图完成减针后，剩余42针，将线头穿入金尾针后进行双重穿针收拢（参考p.128双重穿针收拢）。

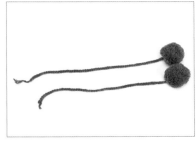

15. 制作2个直径4cm的毛绒球（参考p.74），用钩针钩织锁针，直至30cm长，钩2条作为帽带，在帽带上缝制毛绒球。将毛绒球垂在下方，将帽带缝制在帽子上。

貂皮球护耳帽子

❖ **完成后尺寸** ┃ 头围 53cm

❖ **准备物品** ┃ 毛线 驼褐色牦牛毛线 80g
针 4mm环形针，4mm短环形针，钩针5/0号，金尾针
其他 貂皮球花边 90cm长

❖ **测量尺寸** ┃ 21针29行（10cm×10cm花样编织）

编织方法

1. 用4mm环形针起16针，完成16行花样编织，同时两端分别按照3行1针1次、2行1针6次进行加针，再不加针不减针织1行（护耳部位）。
2. 以相同方法再织1片。
3. 用5/0号钩针分别钩织34针锁针、18针锁针（参考p.73）。
4. 使用4mm短环形针，首先对1片护耳进行编织。再将短环形针穿入34针锁针链的里山，接着继续对另一片护耳进行编织，再将短环形针穿入另一条锁针链（18针）的里山。
5. 所有的针目都转到短环形针上后，圈织32行花样。
6. 将所有针目七等分，每等份各按照1行1针1次、2行1针9次进行减针，再不加针不减针织1行。
7. 剩余42针，将线头穿入金尾针后进行双重穿针收拢（参考p.128双重穿针收拢）。
8. 用透明线将貂皮球花边缝在帽子边缘。

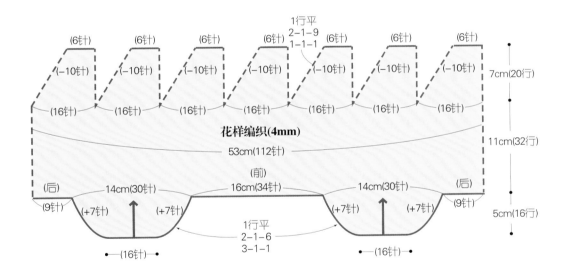

1行平
2-1-9
1-1-1

(6针) (6针) (6针) (6针) (6针) (6针) (6针)

(−10针) (−10针) (−10针) (−10针) (−10针) (−10针) (−10针)

7cm(20行)

(16针) (16针) (16针) (16针) (16针) (16针) (16针)

花样编织(4mm)

53cm(112针)

11cm(32行)

(前)

(后) 14cm(30针) 16cm(34针) 14cm(30针) (后)

(9针) (+7针) (+7针) (+7针) (+7针) (9针)

5cm(16行)

1行平
2-1-6
3-1-1

(16针) (16针)

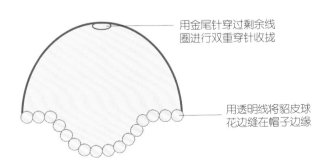

用金尾针穿过剩余线圈进行双重穿针收拢

用透明线将貂皮球花边缝在帽子边缘

147

*花样编织

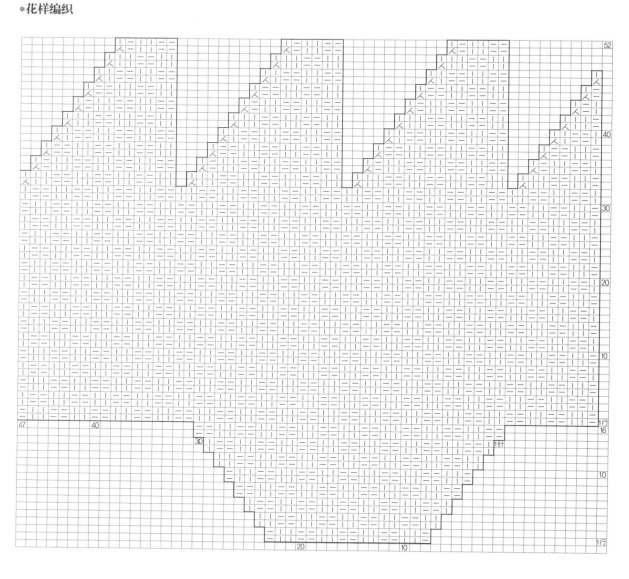

安哥拉兔毛贝雷帽

❀ **完成后尺寸** | 头围 56cm

❀ **准备物品** | 毛线 白色安哥拉兔毛毛线 100g
针 4mm环形针，4.5mm环形针，金尾针

❀ **测量尺寸** | 20针28行（10cm×10cm上下针编织）

编织方法

1. 用4mm环形针起114针，织10行单罗纹针。

2. 换成4.5mm环形针织上下针，如图将所有针目分成7份，两端各17针，中间5份各16针，每份分别按照3行1针1次、2行1针5次进行加针，再不加针不减针织1行。

3. 再不加针不减针织12行上下针。

4. 接着每份各按照1行1针1次、2行1针12次进行减针，再不加针不减针织1行。

5. 剩余65针，将线头穿入金尾针后进行双重穿针收拢（参考p.128双重穿针收拢）。

6. 将织片反面相对，侧边对齐，用金尾针接缝侧边。

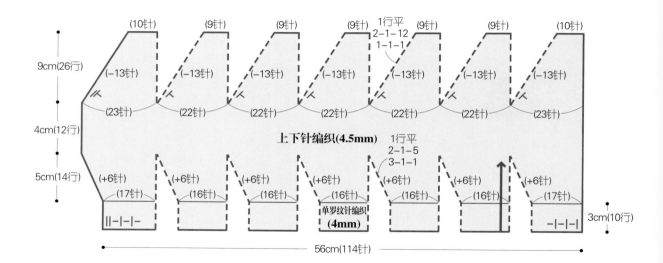

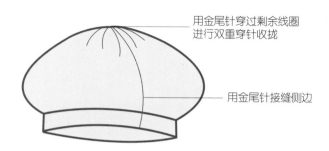

用金尾针穿过剩余线圈进行双重穿针收拢

用金尾针接缝侧边

1. 用4mm环形针起114针，织10行单罗纹针（参考p.58）。

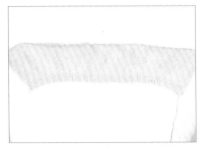

2. 将所有针目分成7份，两端各17针，中间5份各16针，每份各加6针，织14行上下针，再不加针不减针织12行上下针。

3. 随后每份各减13针，织26行上下针。

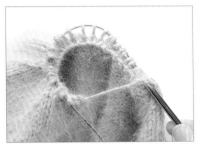

4. 将线头穿入金尾针，先将金尾针穿入剩余线圈中的单数线圈，拉紧收拢线圈。

5. 剩余线圈依照同一方向穿入金尾针后拉紧收拢线圈，即完成双重穿针收拢。

6. **接缝侧边** 将起针端线头穿入金尾针，用金尾针逐行穿起两侧距离端头1针内侧的横向线并拉紧线（参考p.72上下针接缝和单罗纹针接缝）。

7. 为防止两侧边对不齐，边确认边接缝。

无檐小便帽

❖ **完成后尺寸**	头围 58cm
❖ **准备物品**	毛线 蓝色系印染毛纱 100g 针 5mm短环形针，5.5mm短环形针，金尾针
❖ **测量尺寸**	16.5针23行（10cm×10cm双罗纹针编织）

编织方法

1. 用5mm短环形针起96针，圈织14行双罗纹针。

2. 换成5.5mm短环形针，再圈织32行双罗纹针。

3. 如图，经过14行完成花样编织减针。

4. 剩余针数，将线头穿入金尾针后进行双重穿针收拢（参考p.128双重穿针收拢）。

*花样编织（双罗纹针编织）

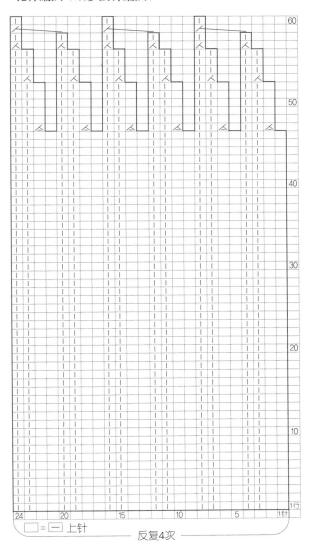

反复4次

□ = ⊡ 上针

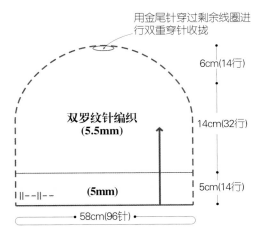

用金尾针穿过剩余线圈进行双重穿针收拢

6cm(14行)

14cm(32行)

双罗纹针编织
(5.5mm)

5cm(14行)

(5mm)

58cm(96针)

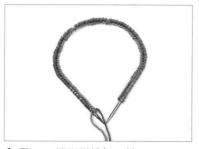

1. 用5mm短环形针起96针。

2. 将带织线的一侧置于右手边，准备圈织。

3. 将右侧棒针穿入第1针的后侧，挂线后织下针。

4. 下一针织下针。

5. 将线移至前侧，第3针、第4针都织上针。

6. 重复步骤3~5，织14行双罗纹针。换成5.5mm短环形针，再圈织32行双罗纹针。

7. 减针　编织第47行时，2针下针仍织下针，2针上针并针织上针，从而减了1针，如此反复完成1行减针编织。然后再织5行。

8. 接下来一行，1针上针和接下来的1针下针并针织下针，如此反复将上针全部减掉，完成1行减针编织。

9. 接下来3行仅织下针。再下一行，每2针下针并针编织进行减针。参照花样编织图解，持续减针，织到60行。

10. 剩余线圈用金尾针进行双重穿针收拢（参考p.128双重穿针收拢）。

编织方法

条纹护耳帽子

❋ **完成后尺寸** ┃ 头围60cm

❋ **准备物品** ┃ 毛线 藏青色羊驼毛线 60g，浅灰色纯毛毛线 30g
针 4.5mm手套棒针，4mm短环形针，4.5mm短环形针，金尾针

❋ **测量尺寸** ┃ 20针28行（10cm×10cm上下针编织）

1. 用4.5mm手套棒针起18针，织12行上下针，同时两端分别按照3行1针1次、2行1针4次进行加针，再不加针不减针织1行（护耳部位）。

2. 以相同方法再织1片。

3. 将织好的1片护耳（28针）用4.5mm短环形针织下针，再织35针扭针加针。另一片护耳（28针）继续用4.5mm短环形针织下针后，再织28针扭针加针（参考p.137扭针加针）。

4. 所有的针目都转到4.5mm短环形针上后，配色圈织40行上下针（藏青色4行，浅灰色4行，藏青色4行，浅灰色4行，藏青色24行）。

5. 将所有针目七等分，每等份各按照1行1针1次、2行1针9次进行减针，再不加针不减针织1行。

6. 剩余49针，将线头穿入金尾针后进行双重穿针收拢（参考p.128双重穿针收拢）。

7. 用4mm短环形针挑针，前额部位34针，护耳部位各47针，后脑部位28针，圈织10行单罗纹针，最后用金尾针收边（参考p.68单罗纹针圈织的收边）。

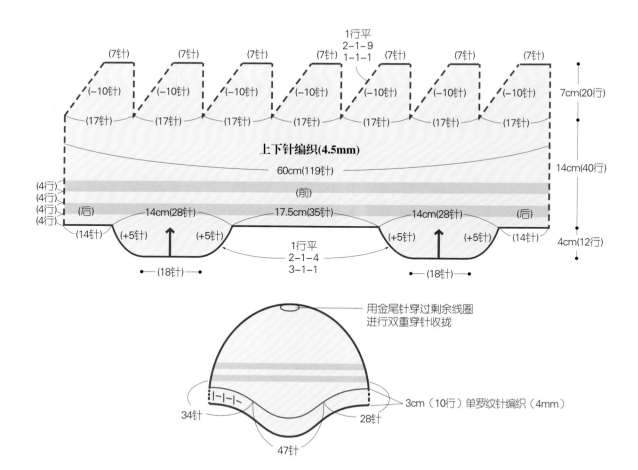

*花样编织（上下针编织）

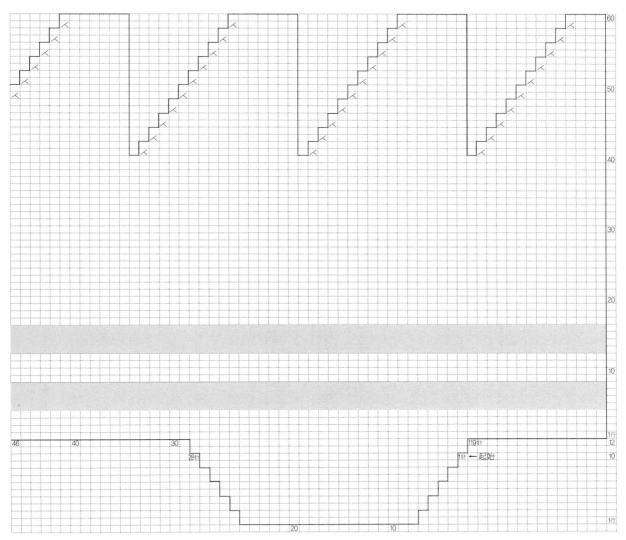

驼色阿伦花样帽子

❖ **完成后尺寸** | 头围 58cm

❖ **准备物品** | 毛线 驼色羊驼毛线 100g
针 6.5mm短环形针，7mm短环形针，金尾针，麻花针

❖ **测量尺寸** | 14针19行（10cm×10cm花样编织）

编织方法

1. 用6.5mm短环形针起80针，圈织18行双罗纹针。
2. 换成7mm短环形针，圈织26行花样。编织第1行时在中间任意位置完成2次并针编织，减2针，形成78针。
3. 随后如花样编织图解，经过12行进行减针。
4. 剩余针数，将线头穿入金尾针后进行双重穿针收拢（参考p.128双重穿针收拢）。

*花样编织

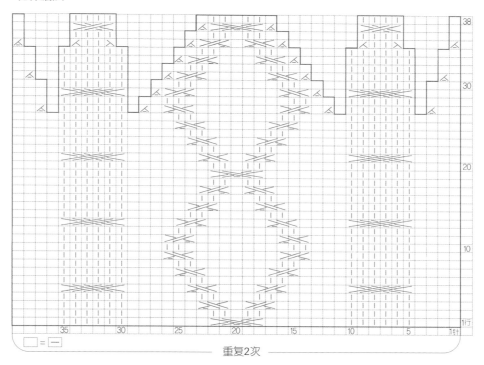

□ = −

重复2次

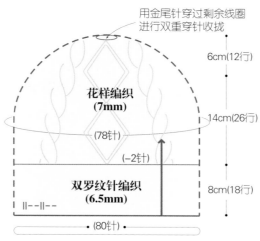

用金尾针穿过剩余线圈
进行双重穿针收拢

6cm(12行)

花样编织
(7mm)

14cm(26行)

(78针)
(−2针)

双罗纹针编织
(6.5mm)

8cm(18行)

‖−−‖−−

(80针)

灰色带檐帽子

❀**完成后尺寸**	头围 58cm
❀**准备物品**	**毛线** 灰色纯毛毛线 150g **针** 4mm短环形针，4.5mm短环形针，4mm环形针，金尾针 **其他** 塑料帽檐
❀**测量尺寸**	20针27行（10cm×10cm上下针编织）

编织方法

1. 用4mm短环形针起120针，圈织28行单罗纹针。

2. 换成4.5mm短环形针，圈织32行上下针，织第1行时在中间任意位置完成1次并针编织，减1针，形成119针。

3. 将所有针目七等分，每等份各按照1行1针1次、2行1针9次进行减针，再不加针不减针织1行。

4. 剩余49针，将线头穿入金尾针后进行双重穿针收拢（参考p.128双重穿针收拢）。

5. 编织帽檐，用4mm环形针起52针，织14行上下针后，两端各平收10针。剩余32针再织14行上下针后收针收边（参考p.66）。

6. 将织好的帽檐★与★、●与●部位贴合对齐后缝合，下端留出开口，插入塑料帽檐后再缝合开口。最好试戴一下织好的帽子，并标示出帽檐位置，这样才能够缝制出端正、漂亮的帽檐。

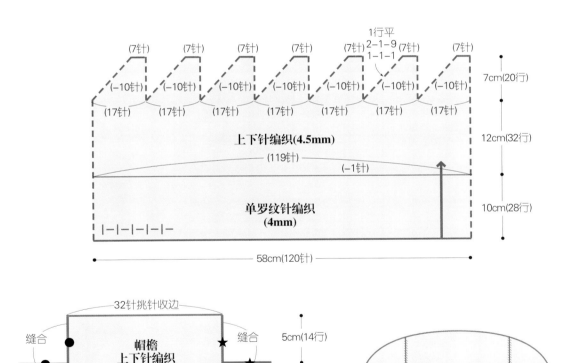

麻花连指手套

❈ **完成后尺寸** | 周长18cm，长25cm

❈ **准备物品** | 毛线 紫红色或深青绿色牦牛毛线 50g
针 3.5mm手套棒针，4mm手套棒针，麻花针，钩针5/0，金尾针

❈ **测量尺寸** | 23针34行（10cm×10cm花样编织）

编织方法

1. 用3.5mm手套棒针起40针，并将其恰当地分到3根棒针上，圈织18行单罗纹针。
2. 换成4mm手套棒针，仅在手背部位添加花样编织，先织28行。
3. 从手掌部位分出5针预留给拇指，随后扭针加针5针，再织30行。
4. 随后两端共4处分别按照1行1针1次、2行1针4次进行减针，再不加针不减针织1行。
5. 剩余20针，将线头穿入金尾针后进行双重穿针收拢（参考p.128双重穿针收拢）。
6. 预留给拇指的5针，加上扭针加针的5针，再加上两端边缘各穿1针，共12针，圈织18行上下针后，将线头穿入金尾针，再将金尾针穿入剩余线圈并拉线收拢。
7. 对称编织另一只手套。
8. 使用5/0号钩针钩织150cm长的锁针链（参考p.73）做连接绳，缝制在两只手套上。
9. 将多出的线头穿入金尾针中隐藏进内侧缝隙中。

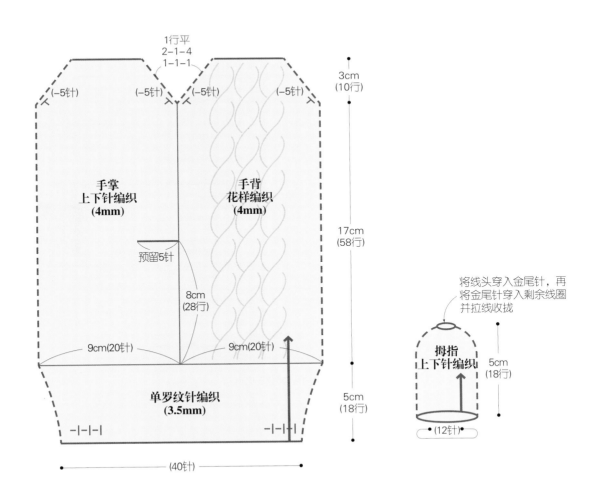

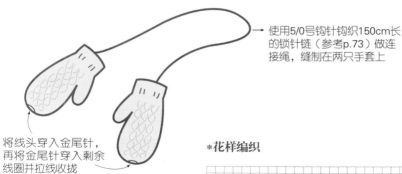

使用5/0号钩针钩织150cm长
的锁针链（参考p.73）做连
接绳，缝制在两只手套上

将线头穿入金尾针，
再将金尾针穿入剩余
线圈并拉线收拢

*花样编织

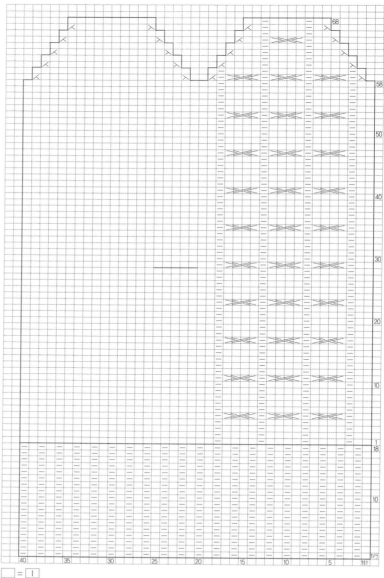

$\square$ = $|$

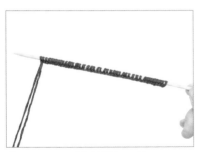

1. 用3.5mm手套棒针起40针。

2. 将40针恰当地分到3根棒针上。

3. 右手持第4根棒针进行编织。

4. 圈织18行单罗纹针。

5. 换成4mm手套棒针，圈织28行花样，在拇指部位预留出5针。

6. 如图在左手食指上绕线。

7. 织出5针扭针加针（参考p.65）。

8. 再接着圈织30行花样。

9. **减针** 手背和手掌部位各分出20针，用记数环标记。

10. 在记数环标记处内侧共4处经过10行各减5针（如图，右侧减针时第1针不织直接移针，下一针织好后，挑针套过，完成减针；相反一侧，2针并针编织，完成减针）。

11. 将线头穿入金尾针，再将金尾针穿入剩余线圈中进行双重穿针收拢（参考p.128双重穿针收拢）。

12. 编织拇指　预留的5针，加上扭针加针的5针，此外两端边缘各穿1针，共12针，分别穿到3根棒针上。

13. 圈织18行上下针后，将线头穿入金尾针，再将金尾针穿入剩余线圈并拉线收拢。

14. 对称编织另一只手套。

糖果连指手套

❖ **完成后尺寸** | 周长22cm，长25cm

❖ **准备物品** | 毛线 象牙色羊驼毛线 100g，粉色系混合色纱线 50g
针 6.5mm手套棒针，7mm手套棒针，金尾针

❖ **测量尺寸** | 13.5针20行（10cm×10cm上下针编织）

编织方法

1. 用6.5mm手套棒针和象牙色毛线起28针，并将其恰当地分到3根棒针上，圈织12行单罗纹针。

2. 换成7mm手套棒针，圈织4行上下针后，换成混合色纱线再织12行上下针。

3. 从手掌部位分出4针预留给拇指，随后扭针加针4针，再织10行上下针。

4. 换成象牙色毛线再织2行上下针后，在两端共4处分别按照2行1针4次进行减针。

5. 剩余12针，将线头穿入金尾针后进行双重穿针收拢（参考p.128双重穿针收拢）。

6. 预留给拇指的4针，加上扭针加针的4针，共8针，圈织12行上下针后，将线头穿入金尾针，再将金尾针穿入剩余线圈并拉线收拢。

7. 对称编织另一只手套。

8. 用3股线如同编辫子一般编出150cm长的连接绳，缝制在两只手套上。

9. 将多出的线头穿入金尾针中隐藏进内侧缝隙中。

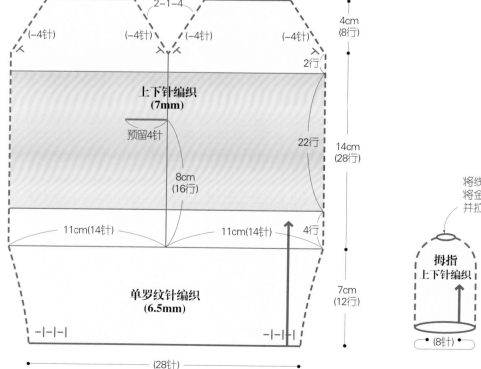

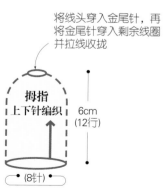

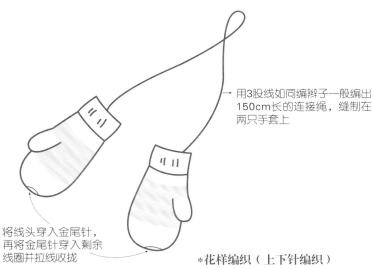

用3股线如同编辫子一般编出
150cm长的连接绳，缝制在
两只手套上

将线头穿入金尾针，
再将金尾针穿入剩余
线圈并拉线收拢

*花样编织（上下针编织）

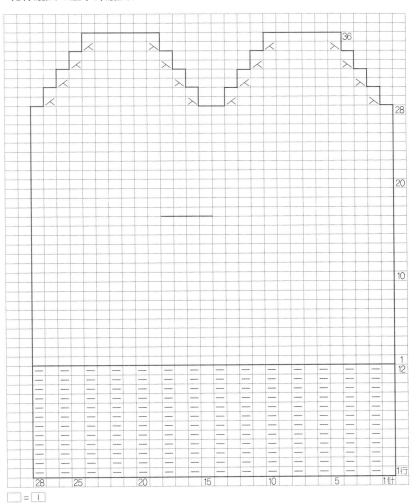

□ = ｜

貂皮球护臂套

❖ **完成后尺寸** | 周长19cm，长16cm

❖ **准备物品** | 毛线 淡粉色羊驼毛线 50g
针 4mm环形针，金尾针
其他 直径3cm貂皮球 4个

❖ **测量尺寸** | 24针28行（10cm×10cm单罗纹针编织）

⟨ 编织方法 ⟩

1. 用4mm环形针起45针，织44行单罗纹针。

2. 用金尾针收边（参考p.68单罗纹针片织的收边）。

3. 如图将织片反面相对对折，预留出穿过拇指的孔洞后，接缝侧边（参考p.72单罗纹针接缝）。

4. 在手背部位缝制2个貂皮球。

5. 以相同方法编织另一个护臂套。

6. 将多出的线头穿入金尾针中隐藏进内侧缝隙中。

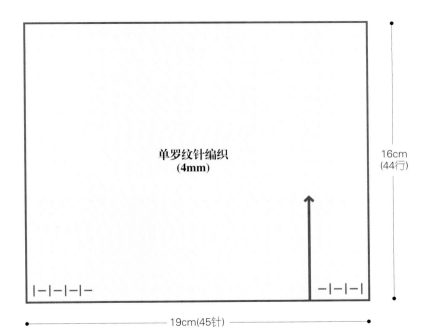

单罗纹针编织
(4mm)

16cm
(44行)

19cm(45针)

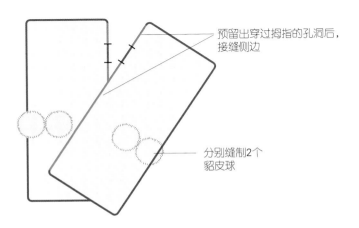

预留出穿过拇指的孔洞后，
接缝侧边

分别缝制2个
貂皮球

炭色护腿套

❖ **完成后尺寸** | 周长30cm，长36cm

❖ **准备物品** | 毛线 炭色纯毛毛线 100g
针 4.5mm环形针，5mm环形针，麻花针，金尾针

❖ **测量尺寸** | 20针27行（10cm×10cm花样编织）

✄ 编织方法 ✄

1. 用5mm环形针起60针，织6行单罗纹针。

2. 继续用5mm环形针，完成86行花样编织。

3. 换成4.5mm环形针，织8行单罗纹针后，反向编织单罗纹针并挑针收边（参考p.67）。

4. 将织片反面相对对折后，接缝侧边。

5. 以相同方法编织另一个护腿套。

6. 将多出的线头穿入金尾针中隐藏进内侧缝隙中。

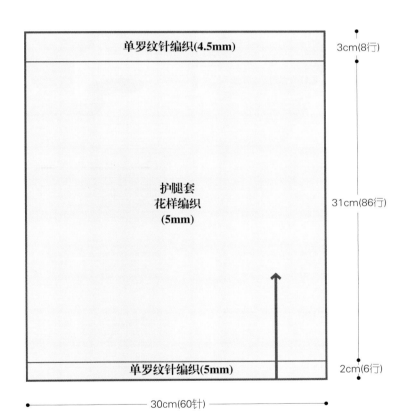

单罗纹针编织(4.5mm) — 3cm(8行)

护腿套
花样编织
(5mm) — 31cm(86行)

单罗纹针编织(5mm) — 2cm(6行)

30cm(60针)

*花样编织

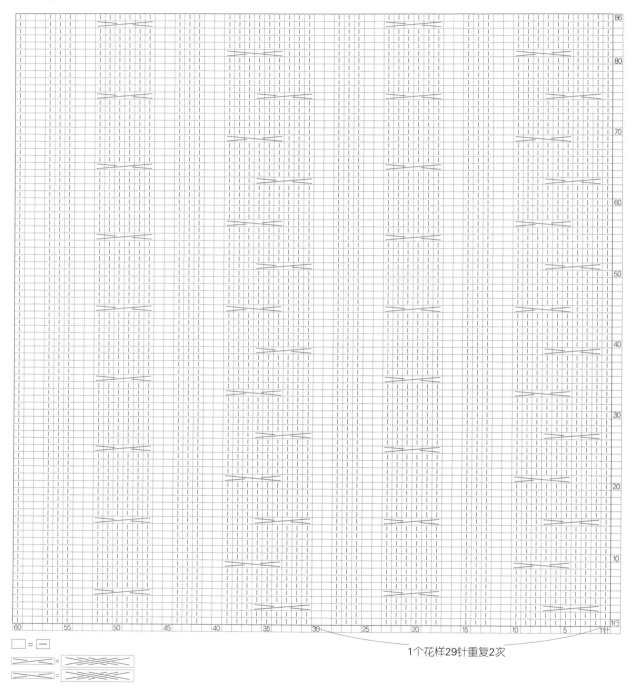

1个花样29针重复2次

□ = □

1. 花样编织（第9行花样编织）　先织4针下针（图解中包含起始针共4针）。

2. 将接着的3针移至麻花针上，放置在织片前侧。

3. 先将左侧棒针上接下来的3针织下针。

4. 再将麻花针上的3针织下针。

5. 交叉后的效果。

6. 花样编织（第15行花样编织）　织1针起始针后，将接着的3针移至麻花针上，放置在织片后侧。

7. 先将左侧棒针上接下来的3针织下针。

8. 再将麻花针上的3针织下针。

9. 交叉后的效果。

10. 将左侧棒针上剩余的3针织下针。

著作权合同登记号：图字16-2014-059

图书在版编目（CIP）数据

初学编织：韩国编织大师的32件时尚单品/（韩）崔贤贞著；郑丹丹译. —郑州：河南科学技术出版社，2016.9

ISBN 978-7-5349-8257-6

Ⅰ.①初… Ⅱ.①崔… ②郑… Ⅲ.① 毛衣针-绒线-编织-图集 Ⅳ.①TS935.522-64

中国版本图书馆CIP数据核字（2016）第192414号

出版发行：河南科学技术出版社

地址：郑州市经五路66号　　邮编：450002

电话：（0371）65737028　65788613

网址：www.hnstp.cn

策划编辑：李　洁

责任编辑：孟凡晓

责任校对：窦红英

责任印制：张艳芳

印　　刷：北京盛通印刷股份有限公司

经　　销：全国新华书店

幅面尺寸：190 mm×260 mm　印张：11　字数：305千字

版　　次：2016年9月第1版　2016年9月第1次印刷

定　　价：48.00元